零基础服装裁剪与缝纫轻松入门

刘宝婷　徐培强　刁小宣◎编著

化学工业出版社
·北京·

内 容 简 介

在这个崇尚时尚多元化、表达个性化的时代，服装不仅仅是遮体的工具，更是一种艺术和情感的载体。本书旨在帮助初学者打破服装制作的神秘感，轻松上手，将设计梦想变为现实。无论是第一次接触服装裁剪与制作，还是已有一些基础，但苦于没有系统的方法，都可以在本书循序渐进的指导下获益匪浅。它通过简单易懂的语言和图文并茂的呈现方式，带你掌握从工具使用、基础测量到各种经典服装款式裁剪的全流程技巧。

本书的一大特色是实用性与趣味性结合，精选了大量当下流行且经典的服装款式作为案例，涵盖了裙装、衬衫、西装、休闲装、大衣、裤装、童装等多种经典服饰的制作技巧。每一款服装都配有详细的图解与步骤解析，帮助你逐步掌握从设计构思到成品制作的全流程。本书还配有视频课程和电子纸样，确保读者不仅能"看得懂"，还能"做得出"。每一针每一线的实践，都是提升手艺与审美的积累。

通过这本书，你将不再局限于单纯的模仿，而是了解服装结构背后的逻辑，逐步培养自己的设计能力。书中的每一个教程都围绕读者的学习需求量身设计，确保即使是零基础的初学者也能稳步提升。让我们一起用双手和创意，开启你的服装设计之旅，亲手缝制出专属于自己的美丽与自信！

图书在版编目（CIP）数据

零基础服装裁剪与缝纫轻松入门 / 刘宝婷，徐培强，刁小宣编著. -- 北京 : 化学工业出版社，2025. 3.
ISBN 978-7-122-47474-2

Ⅰ. TS941.63

中国国家版本馆CIP数据核字第2025NE5203号

责任编辑：杨　倩　　　　装帧设计：盟诺文化
责任校对：宋　夏

出版发行：化学工业出版社（北京市东城区青年湖南街13号　邮政编码100011）
印　　装：河北鑫兆源印刷有限公司
787mm × 1092mm　1/16　印张10　字数191千字　2025年4月北京第1版第1次印刷

购书咨询：010-64518888　　　　售后服务：010-64518899
网　　址：http://www.cip.com.cn
凡购买本书，如有缺损质量问题，本社销售中心负责调换。

定　　价：69.00元

在这个色彩斑斓、瞬息万变的时尚时代，服装早已超越了遮体保暖的基本需求，成为一种表达个性的艺术，一种传递情感的媒介，一种交流文化的符号。它是设计师与穿着者之间无声的对话，是每个人借助不同材质、色彩和裁剪风格展现自我生活态度的方式。每一件精美服饰的背后，都隐藏着无数缜密的思考和手工艺的智慧，从一针一线的缝制到精准的制图与裁剪，每个细节都映射着设计师对生活的独特解读与创造力的无限可能。

然而，对许多怀揣时尚梦想、希望亲手制作服装的初学者来说，服装制图与裁剪总显得陌生且复杂。这一技艺仿佛蒙着一层神秘的面纱，让人敬而生畏。如何把脑海中的灵感变为实物？如何在纸上描绘出服装的轮廓并将其完美地裁剪成型？这些问题困扰着无数想要涉足服装设计领域的朋友。

本书正是为了解决这些困惑而编写的一本实用且系统的指导教程。它专为初学者量身定制，力求让每一位初学者在轻松愉快的学习过程中逐渐掌握服装制作的核心技巧。无论是第一次接触服装设计的小白，还是已经有些许了解却苦于缺乏系统指导的进阶者，本书都将是不可或缺的学习伙伴。

零基础轻松上手

本书从最基本的概念和工具介绍入手，详细讲解了制图符号、常用工具的使用方法及尺寸测量的技巧，更有各类服装的裁剪步骤与技巧介绍。你将逐步学会如何从简单的基础款式入手，到设计更复杂的服饰。每一个环节都按照循序渐进的方式展开，帮助你打好扎实的基础，让每一步学习都稳步前进。

图文并茂，直观易懂

为了让读者在实践时避免困惑，本书配有大量高清插图，不仅包括版式图，还有线稿和效果图，以及详细步骤说明和制作的关键节点。每一个制图、裁剪和缝纫过程都经过精心展示，确保你不仅能轻松理解理论知识，还能在动手操作中得到精准的指导。这些图示如同一位贴心的导师，陪伴你度过学习过程中的每一个关键环节。

实战案例，强化实践

理论的掌握只是开始，真正的进步源自实践。本书精选了大量当下流行且经典的服装款式作为案例。以案例讲解知识，包括裙装、衬衫、西装、休闲装、大衣、裤装及童装等。这些案例不仅配有详细的步骤解析，还配有视频课程，在操作过程中逐步提升自己的动手能力。每一件亲手完成的服装，都是一次成就感的积累，更是梦想迈向现实的一大步。

学习服装制作的过程，就像一段自我发现的旅程。你不仅是在学习一种技艺，更是在用双手塑造生活，赋予面料以生命和情感。从最初的一张白纸，到最后一件成品穿在自己或他人的身上，这个过程充满了挑战，但同样伴随着无数的惊喜与感动。本书不仅是一部工具书，更是通向美学世界的一把钥匙。在这里，你将学会如何把脑海中的灵感化为现实；在这里，你将从小白蜕变为服装设计达人；在这里，你将发现生活中的每一个细节都可以成为创意的源泉。

在通往美与创造的道路上，没有人是一开始就掌握所有技巧的。我们希望通过这本书的引导，你能在探索中发现乐趣，在挑战中获得成长。在这里，不必担心犯错，因为每一个错误都是成长的阶梯；不必惧怕未知，因为每一次尝试都会为你开辟新的可能。

现在，就让我们翻开这本书，开启属于你的服装设计之旅吧！相信在不远的将来，你会用一件件亲手缝制的服装，为自己、为他人带来温暖与惊喜。让我们一起用双手织梦，用创意点亮生活，在这个充满无限可能的世界中绽放独特的时尚光彩！

目录

第1章 服装制图与裁剪基础知识

服装制图与裁剪是服装制作过程中的重要环节，涉及多个基础知识和技巧。本章先从服装制图与裁剪的基础知识开篇，帮助大家构建服装制图与裁剪知识体系的基石，以便后续理解和探索更高级的理论与实践。

1.1 服装结构制图的符号解析

服装结构制图的符号在服装设计和制作过程中起着至关重要的作用，它们有助于准确、高效地传达设计理念和制作要求。

本书用不同的线条和符号制图，以表示画裁的层次、步骤、用处和目的。因此，初学者不但要熟悉、掌握各部位的裁剪尺寸和制图方法，同时还要掌握和了解各部位的名称和线条。服装制图符号详见表1-1。

表 1-1 服装制图符号

名 称	符 号	说 明
黑色粗线		轮廓线，需要裁剪开
虚线		对折线
标注线		标注服装各个部分的尺寸
扣子		衣服需要缝扣子的位置
缝隙		需要缝合的位置
黑色细线		结构线，不需要裁剪
钻眼位		上下层需要钻眼对位的符号

1.2 服装制图工具介绍

服装制图工具是设计师在创作过程中不可或缺的辅助设备，它们用于帮助设计师精确、高效地绘制出服装的图纸，以下是一些主要的服装制图工具及其特点。

1.2.1　尺

尺是量体和测量服装面料尺寸的重要工具，最常用的有直尺、角尺、软尺、比例尺等。

（1）直尺

直尺有钢、木、竹、塑料、有机玻璃等多种材质，有9寸（30cm）、12寸（40cm）、18寸（60cm）、30寸（100cm）等规格，制版中常用的是标有两种规格尺寸的放码尺，既可以当作直尺用，又可以放缝份和放码，是手工制版不可或缺的必备尺子，也是绘制直线和测量较短距离的基本工具，直尺见图1-1。

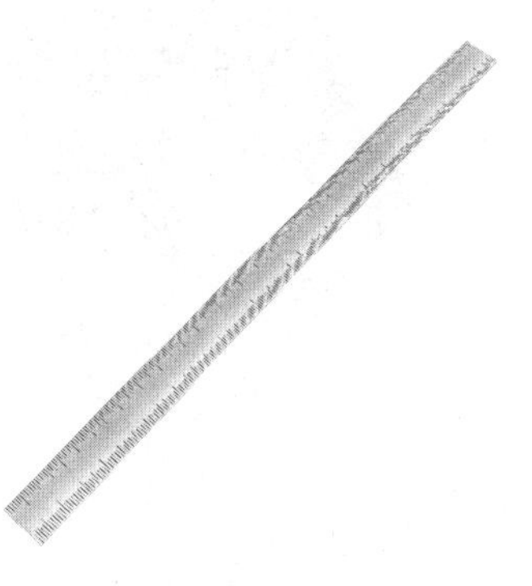

图 1-1　直尺

（2）角尺

角尺有直角尺和三角尺两种类型，见图1-2。直角尺多为木质和钢质，三角尺有塑料和有机玻璃两种材质。角尺用于绘制垂直相交的线段。

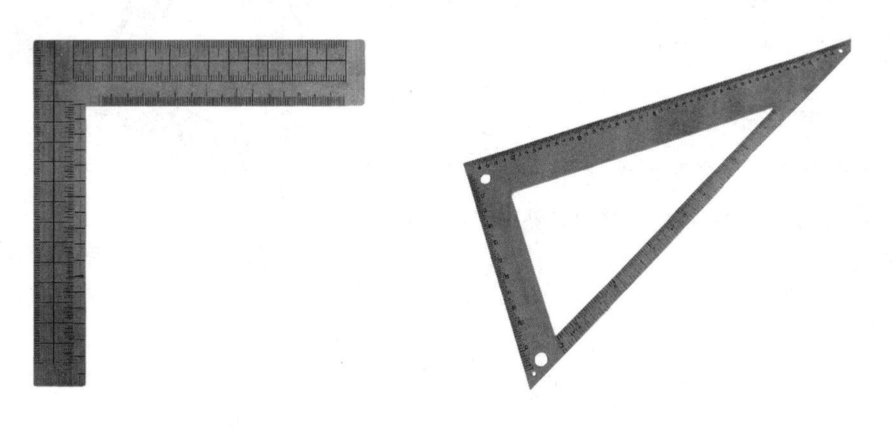

图1-2　角尺

（3）软尺

软尺主要用于量体和测量服装成衣尺寸，见图1-3。在服装制图中，软尺常用于测量、复核各曲线、组合部位的长度，如测量袖窿、袖山弧线的周长等，以判定配合关系是否合适。

（4）比例尺（三棱尺）

比例尺是按照一定比例制作缩小图的测量工具，见图1-4。比例尺一般为木质材料，也有塑料尺和有机玻璃尺。比例尺尺形为三棱形，有3个尺面、3个尺边，有6种不同比例的刻度供选用。

图 1-3　软尺

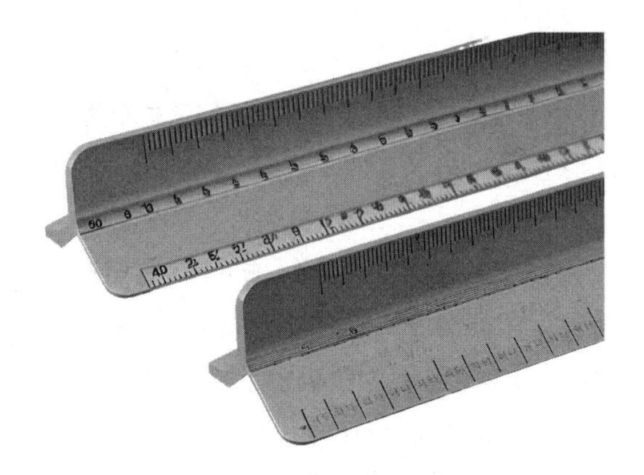

图 1-4　三棱比例尺

1.2.2　量角器

量角器是用来测量服装角度的器具，半圆形，在圆周上可有1～180度的度数，是很好的手工制版辅助工具，见图1-5。

图 1-5　量角器

1.2.3　曲线板

曲线板专为画各种曲线之用，用于绘制服装制图中的弧线，如袖边、袖山、裤裆线等部位，见图1-6。

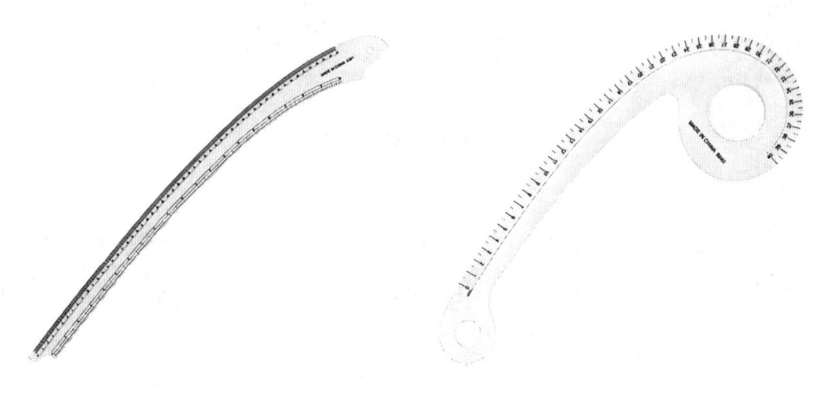

图 1-6　曲线板

1.2.4　绘图铅笔与橡皮

绘图铅笔有软硬之分。注有HB的为中性；B～6B逐渐转软，6B铅笔最黑；H～6H逐渐变硬，铅色浅淡，适宜画缩小图，目前自动铅笔用得较多。

橡皮用于修改图纸，橡皮有普通橡皮与绘图橡皮两种类型，绘制结构图时应选用绘图橡皮，见图1-7。

图 1-7　铅笔和橡皮

1.2.5　其他辅助工具

服装结构制图还会用到其他辅助工具。

（1）帷子：用于钻眼做标记。

（2）裁剪剪刀：型号多样，用于裁剪衣片或纸样。

（3）花齿剪刀：用于裁剪布样，具有锯齿形刀口。

（4）擂盘（滚车或压线器）：用于将图纸中的衣片压印在样板纸上，获取全部衣片的样板。

（5）画粉：在衣料上直接绘图时使用的工具。

（6）工作台：裁剪时使用的工作平台。

1.3　服装结构制图各部位线条名称

服装结构制图中各部位线条的名称繁多，这些线条在服装设计和制作过程中起着至关重要的作用。为了让大家清晰地了解服装结构制图各部位线条的名称，特用图文的方式表述，具体见图1-8。

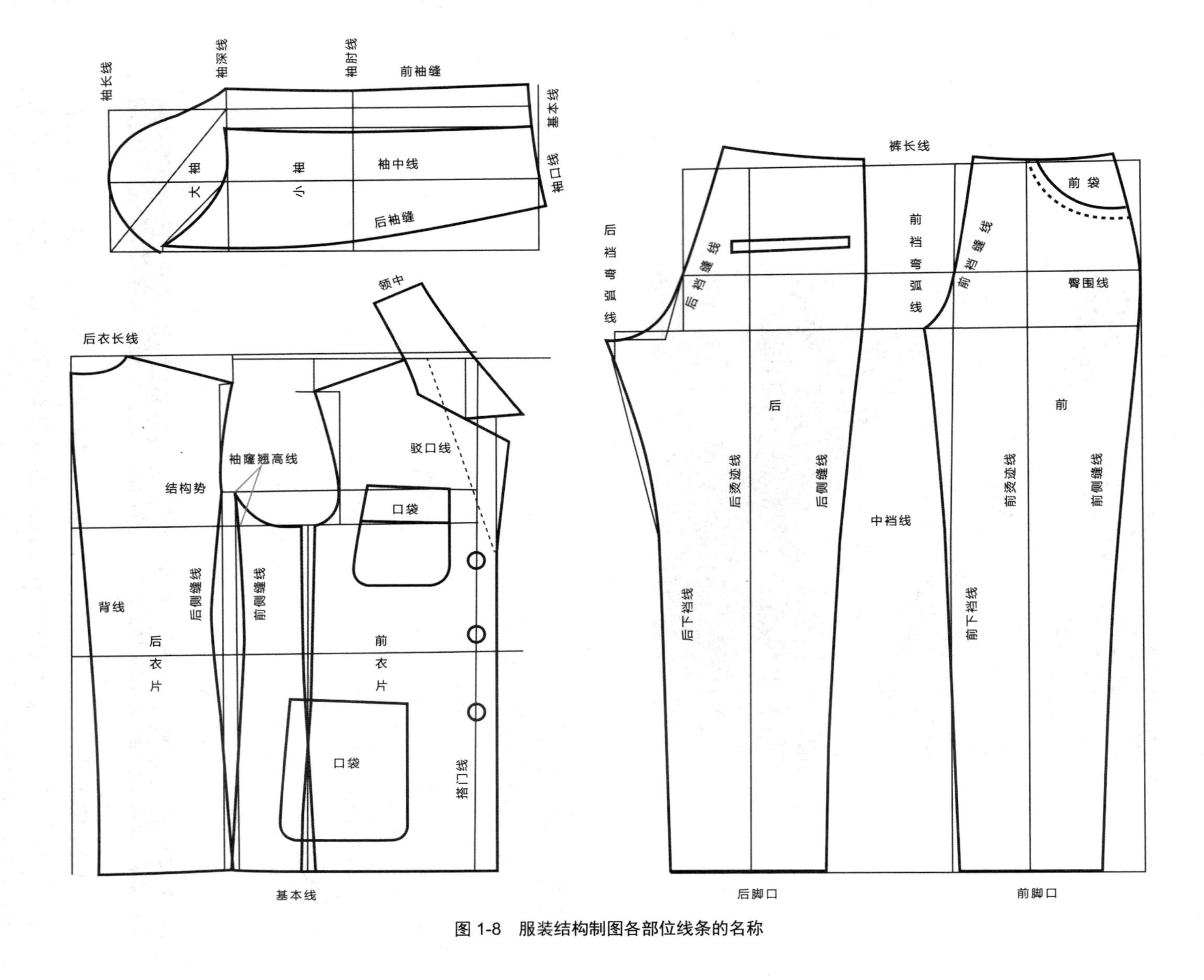

图 1-8 服装结构制图各部位线条的名称

1.4　测量方法与身体部位简称

在服装领域，人体主要测量部位的重要性不言而喻。这些测量部位不仅为服装的设计提供了基础数据，还确保了服装的合体性和舒适性。主要测量方法详见图1-9，人体主要部位的测量部位详见表1-2。

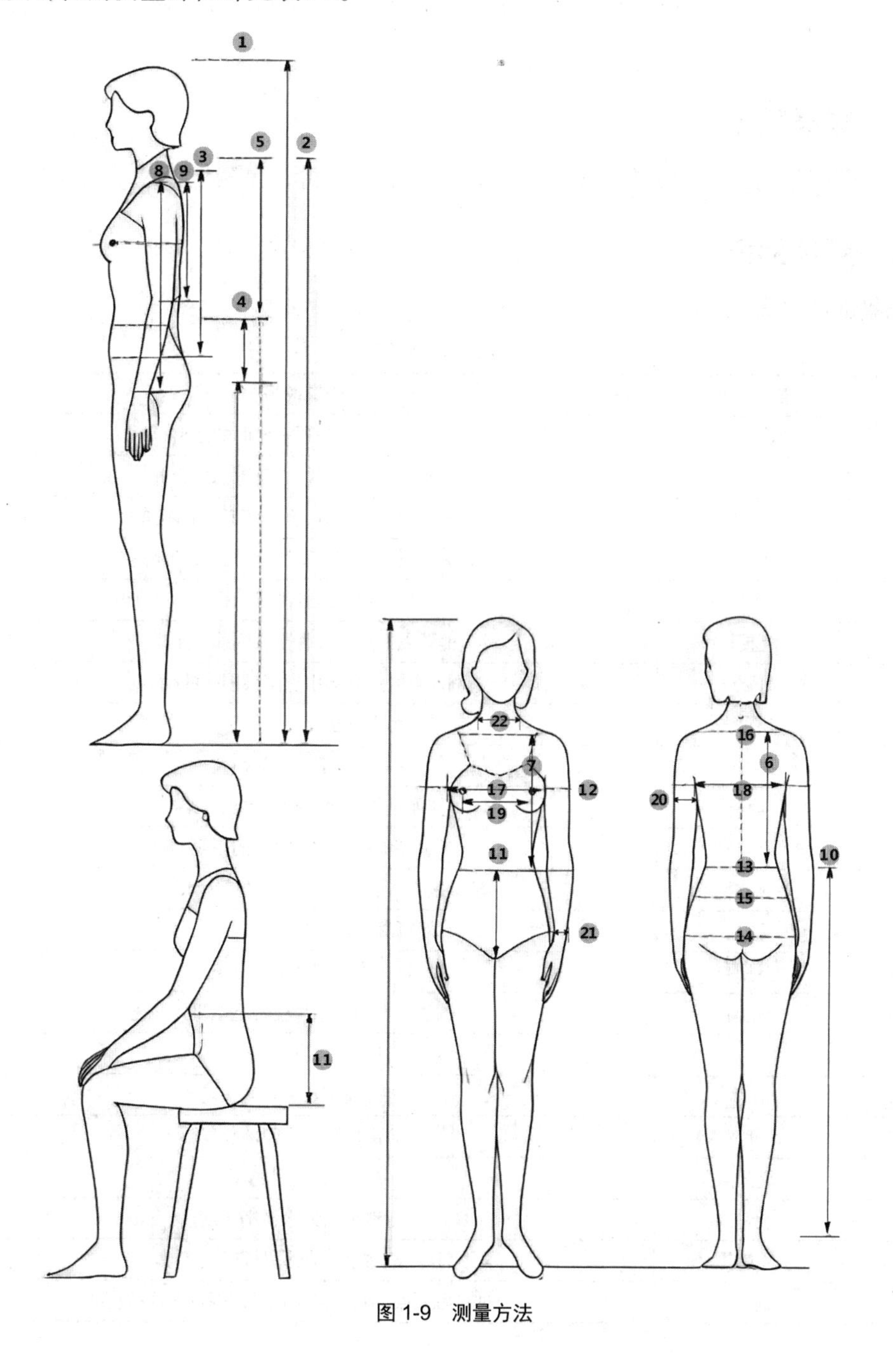

图 1-9　测量方法

1.4.1　测量要求

（1）姿态要求：被测量者需正直自然站立，两臂自然下垂，不可低头或挺胸。

（2）立裆深度测量：需以坐姿测量，背部与椅面垂直，小腿与地面垂直，上肢自然放到膝盖上。

（3）数据要求：测量数据为人体净尺寸，不可穿戴过高的文胸等可能影响测量的物品。

1.4.2　测量顺序

通常按照从前到后、从左到右、从上到下的顺序进行，先测量长度后测量围度。

1.4.3　测量部位

测量部位见表1-2。

表 1-2　测量部位

序　号	部　位	测量说明
1	总身高	人站立时，头顶至地面的距离
2	身高	人站立时，后颈椎点至地面的距离
3	衣长	人站立时，前颈点至衣服下摆的距离
4	腰长	人站立时，体侧腰围线至臀围线的距离
5	背长	后颈点至后腰围线的距离
6	背腰长	侧颈点经过肩胛骨至腰围线的距离
7	前腰长	侧颈点经过乳头中点至腰围线的距离
8	袖长	肩端点至手根点的距离
9	肘长	肩端点至肘点的距离
10	裤长	侧面量腰围线至脚外踝点的距离
11	上裆长	腰围线至大腿根部的距离
12	胸围	经过腋窝和乳头一周所得的最大水平长度
13	腰围	经过腰部最细处水平围的长度
14	臀围	臀部最丰满处水平围长度
15	腹围	腰围线与臀围线中央位置绕水平围长度
16	肩宽	左、右肩端点经过后颈点的长度
17	胸宽	胸部前腋点之间的长度
18	背宽	背部后腋点之间的长度
19	乳间点	左右乳头之间的长度
20	上臂围	上臂最粗处水平围长度
21	手腕围	经过手根点水平围长度
22	颈根围	经过前后颈点、侧颈点绕颈根部围量一周的长度

第2章 裙装

裁剪技法

2.1 一步裙的裁剪步骤与技巧

一步裙，其设计特点使得穿着者只能迈差不多一步远的步伐，因此得名“一步裙”。一步裙以其独特的设计、修身效果和时尚经典的地位，成为女性衣橱中不可或缺的一部分。一步裙样式见图2-1。

图 2-1　一步裙

2.1.1 裁剪步骤

（1）测量身体尺寸

准确测量身体的尺寸，包括腰围、臀围、裙长等基础数据。

（2）计算裙身宽度

裙身的宽度应该略大于最宽的臀部尺寸，以确保穿着舒适。通常根据臀围尺寸添加一些额外宽度，例如1.5～3寸（5～10cm），来计算裙身宽度。

（3）确定裙摆线

根据裙长的要求，在布料上标出裙摆的长度，并顺着这一标记画出裙摆的轮廓。可以选择直线裙摆或者波浪裙摆。

（4）画出裙身轮廓

在布料上根据腰围和裙身宽度画出裙身的轮廓，通常是一个宽松的长方形或梯形。

（5）裁剪裙子

根据之前标出的裙摆线和裙身轮廓，使用裁剪工具将裁片裁剪出来。

（6）缝合与整理

将裁好的裙身部分缝合，包括侧缝、后中缝等。如有需要，添加腰带或拉链。

2.1.2　裁剪技巧

（1）省道处理

如果设计中有省道（如收腰或收臀的省道），要准确计算和标记省道的位置和大小，确保缝合后达到预期的修身效果。

（2）后开衩处理

如果设计中有后开衩，要预留足够的布料来制作开衩，并在缝合时留出开口。

2.1.3　裁剪范例

成品规格见表2-1。

表 2-1　成品规格

部　位	裙长（L）	腰围（W）	臀围（H）
尺　寸（寸）	18	21	28.2
尺　寸（cm）	60	70	94

主要部位尺寸见表2-2。

表 2-2　主要部位尺寸

序　号	部　位	尺　寸（寸）	尺　寸（cm）
①	裙长	16.82	56
②	臀高	5.4	18
③	前臀宽	1/4臀−0.15	1/4臀−0.5
④	后臀宽	1/4臀+0.15	1/4臀+0.5
⑤	腰头长	14.11	47
⑥	腰头宽	1.2	4
⑦	叉长	4.5	15
⑧	前省大	0.36 × 2	1.2 × 2
⑨	后省大	0.75 × 2	2.5 × 2

一字裙样板详见图2-2。

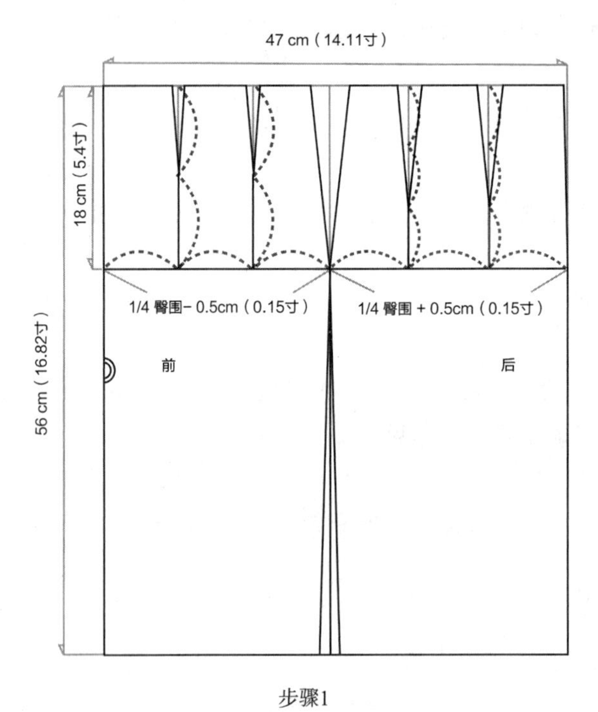

步骤1

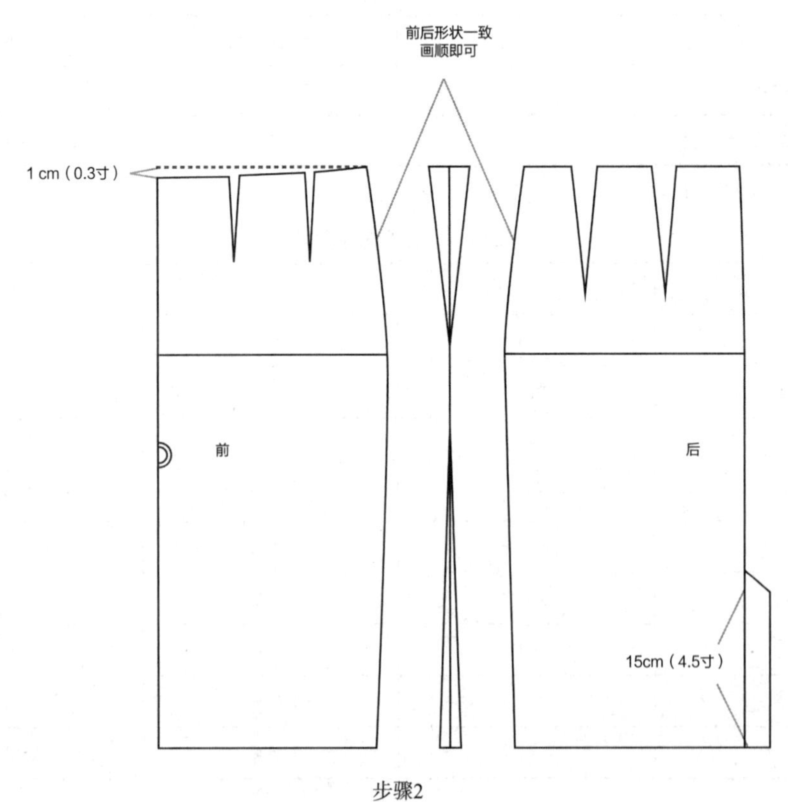

步骤2

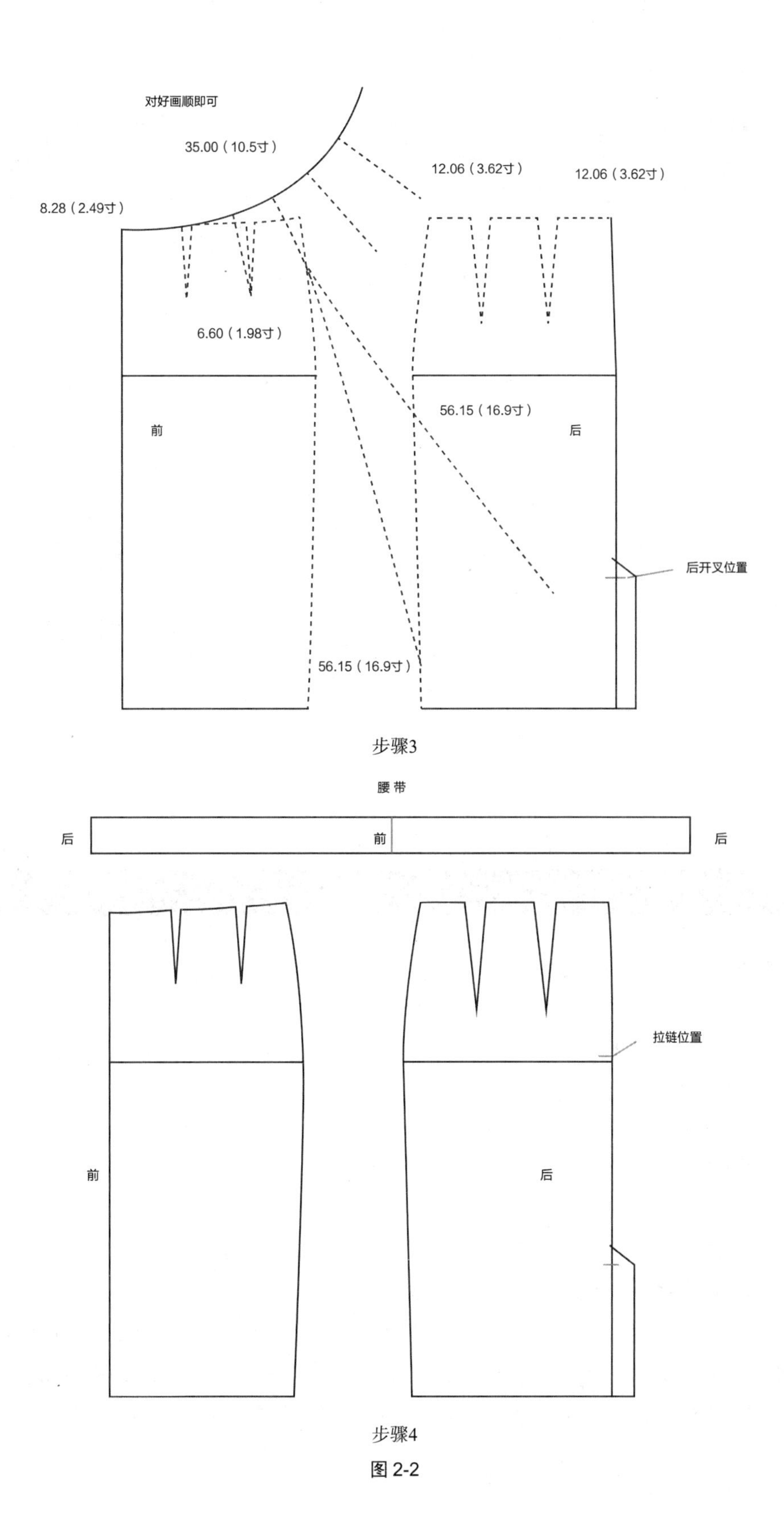
对好画顺即可
35.00（10.5寸）
12.06（3.62寸）
12.06（3.62寸）
8.28（2.49寸）
6.60（1.98寸）
56.15（16.9寸）
前
后
后开叉位置
56.15（16.9寸）
步骤3
腰带
后
前
后
拉链位置
前
后
步骤4

图 2-2

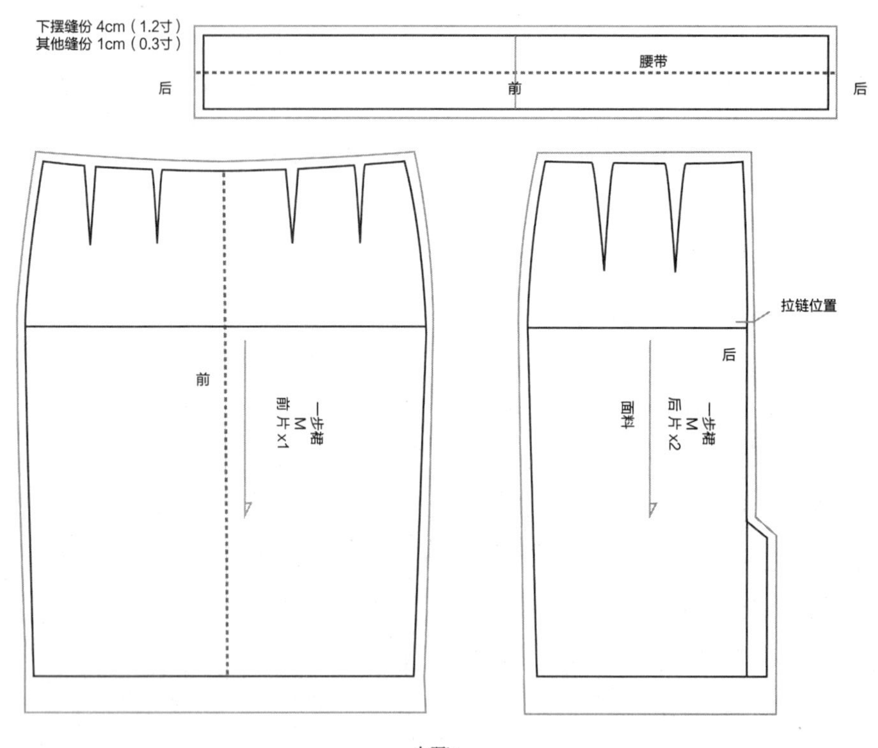

步骤5

图 2-2　一步裙样板

2.2　A 字裙的裁剪步骤与技巧

A字裙，其名称来源于类似于英文字母“A”的形状。A字裙在腰部贴身，而裙摆则逐渐向外扩展，形成一个自然的“A”字形状。这种裙子的设计可以很好地修饰下半身曲线，特别是那些臀部和大腿稍丰满的人，A字裙能够巧妙地展现出身材的优势。A字裙样式见图2-3。

2.2.1　裁剪步骤

（1）测量尺寸

量取穿着者的腰围、臀围和裙长，作为裁剪的基础数据。

（2）裁剪前片

将布料对折，确保布边整齐且对齐。然后根据腰围尺寸，在布料上画出腰围线，作为裙子的腰部基准。从腰围线向下，根据裙长尺寸画出裙摆线，通常臀围线距腰线4.5～5.1寸（15～17cm）。最后按照画好的线条，预留适当的缝份，如0.6寸（2cm），裁剪出前裙片。

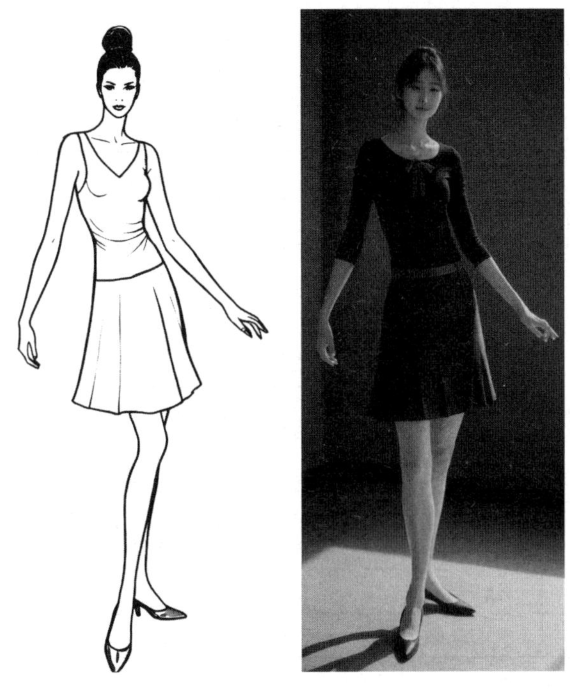

图 2-3　A 字裙

（3）裁剪后片

与前片类似，根据腰围尺寸画出后片腰围线。同样从后片腰围线向下，根据裙长画出裙摆线。随后画后片侧缝线和省道，方法与前片相同，但后片通常没有省道或褶位，且后腰线比前腰线低0.21～0.24寸（0.7～0.8cm）。最后，按照画好的线条，预留适当的缝份，裁剪出后裙片。

（4）其他细节

如果设计中有口袋，需要在相应的位置裁剪出口袋片。如果需要腰带，可裁剪一段布料或选择现成的腰带。

2.2.2　裁剪技巧

（1）拉链位置

后片中间或侧边要留出上拉链的位置，注意拉链的正反和长度。

（2）利用黄金分割比例

在画裙摆形状时，可利用黄金分割比例（1：0.618）来确定裙摆的线条，使裙子更具美感。

（3）截取需要的大小

此款A字裙，是在太阳裙的基础上变化而来的，截取了太阳裙的一部分，根据实际需求，也就是裙摆大小的需要，截取需要的大小即可。

2.2.3 裁剪范例

成品规格见表2-3。

表 2-3　成品规格

部　　位	裙长（L）	腰围（W）	臀围（H）
尺　　寸（寸）	19.52	21.2	28.5
尺　　寸（cm）	65	70	94

主要部位尺寸见表2-4。

表 2-4　主要部位尺寸

序　　号	部　　位	尺　　寸（寸）	尺　　寸（cm）
①	前裙长	21.2	70
②	臀高	5.5	18
③	后裙长	19.52	65
④	腰头长	21.2	70
⑤	腰头宽	1.2	4

A字裙样板详见图2-4。

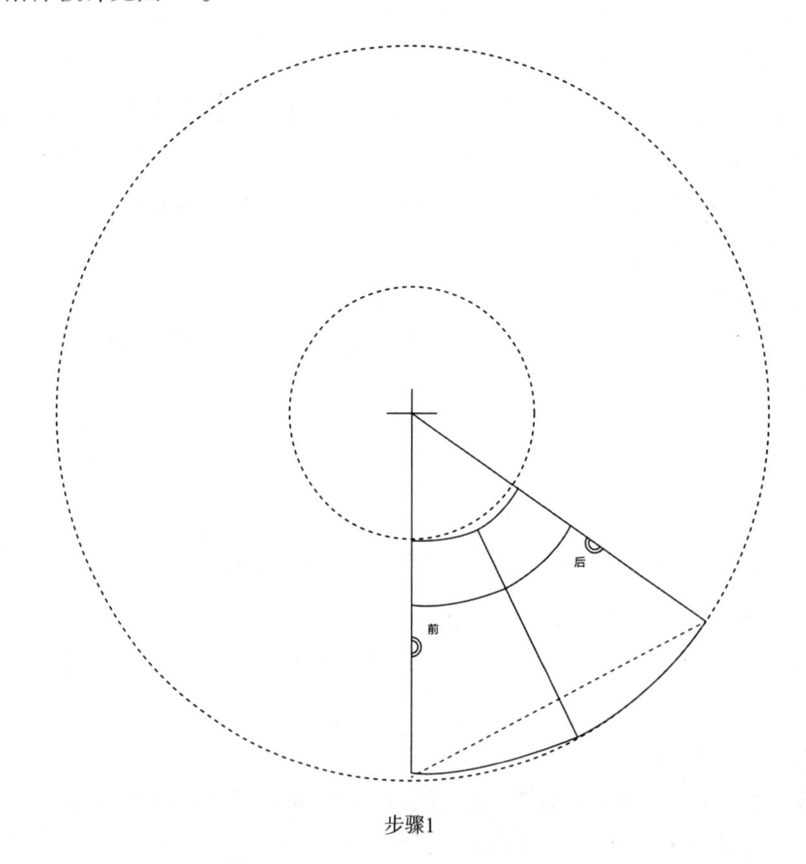

步骤1

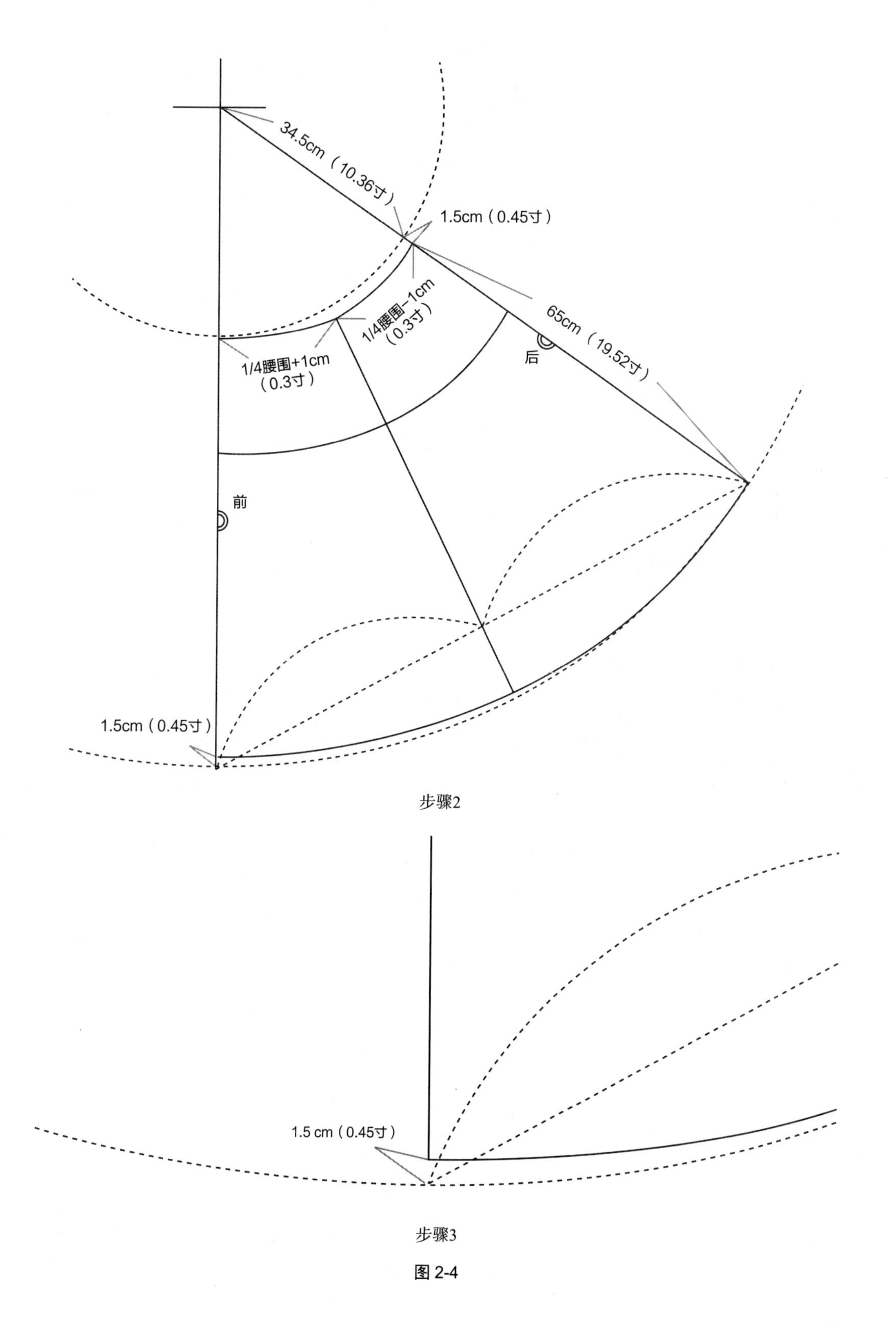
34.5cm（10.36寸）
1.5cm（0.45寸）
1/4腰围−1cm
（0.3寸）
65cm（19.52寸）
后
1/4腰围+1cm
（0.3寸）
前
1.5cm（0.45寸）
1.5 cm（0.45寸）

步骤2

步骤3

图 2-4

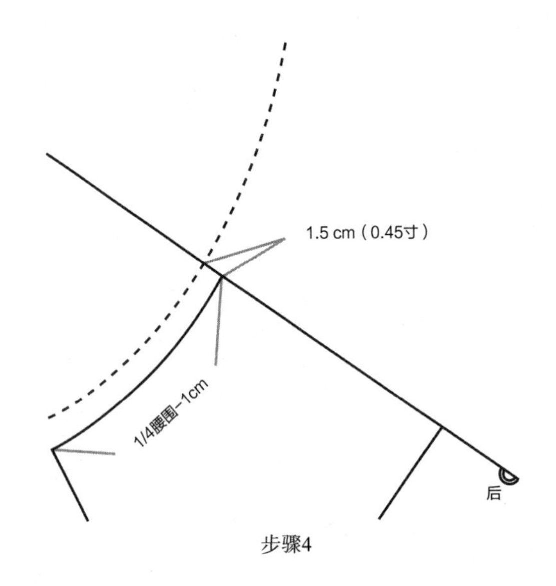

步骤4

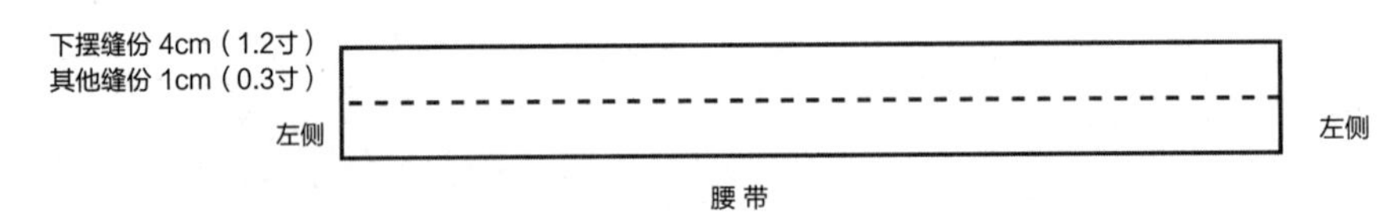

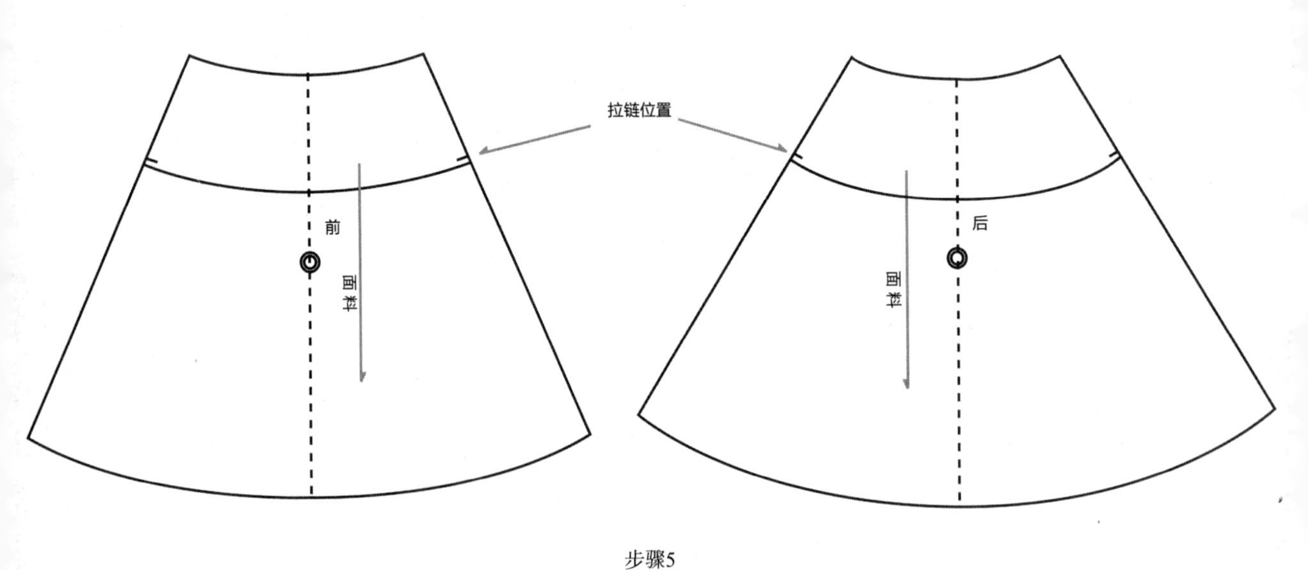

步骤5

腰 带

腰宽 4cm（1.2寸）

左侧

左侧

腰围尺寸

步骤6

图 2-4 A 字裙样板

2.3　斜裙的裁剪步骤与技巧

斜裙是一种从腰部至下摆斜向展开呈“A”字形的裙子。其特点为腰口小、下摆大，呈喇叭形，并且裙片完全由斜丝绺构成，因此得名斜裙。斜裙因其独特的裁剪方式和造型特点，备受爱美女性的追捧。斜裙样式见图2-5。

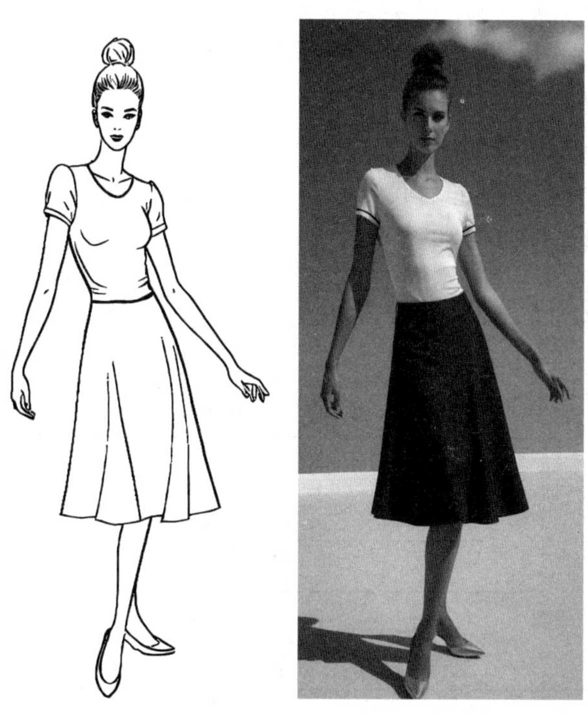

图 2-5　斜裙

2.3.1　裁剪步骤

（1）测量尺寸

准确量取穿着者的腰围、臀围及裙子的长度，这些数据将作为裁剪的基础。

（2）画基础线

中心线：在布料上画一条中心线，这将作为裙子的中心对称轴。

腰口线：根据腰围数据，在中心线两侧画出腰口线。

裙摆线：根据裙子的长度数据，从腰口线向下画出裙摆线。

（3）确定裙片宽度

根据臀围数据和裙子的款式（如直筒、A字等），确定裙片的宽度。

（4）裁剪裙片

使用剪刀或裁剪机器，沿着画好的线条裁剪出裙片。注意保持线条的平滑和准确。

（5）省道处理（按需）

根据款式和穿着者的体型，确定省道的位置和数量。使用粉笔或锥子在裙片上标记省道的位置，并裁剪出省道。

2.3.2 裁剪技巧

（1）摆幅调整

摆幅是斜裙的一个重要特点，它可以根据面料的幅宽和款式需求进行调整。在裁剪时要根据具体情况进行摆幅的缩减或扩展。

（2）破缝处理

在小鱼尾斜裙等款式的纸样设计中，需要注意破缝的位置。破缝的位置太靠上或太靠下都会影响裙子的整体效果。

2.3.3 裁剪范例

成品规格见表2-5。

表 2-5　成品规格

部　位	裙长（L）	腰围（W）	臀围（H）
尺　寸（寸）	19.22	21	28.2
尺　寸（cm）	64	70	94

主要部位尺寸见表2-6。

表 2-6　主要部位尺寸

序　号	部　位	尺　寸（寸）	尺　寸（cm）
①	前裙长	19.22	64
②	臀高	5.4	18
③	前臀宽	1/4臀−0.15	1/4臀−0.5
④	前腰宽	1/4臀+0.15	1/4腰+0.5
⑤	后裙长	20.6	68
⑥	后臀宽	1/4臀−0.15	1/4臀+0.5
⑦	后腰宽	1/4臀+0.15	1/4腰−0.5
⑧	腰头长	21.2	70
⑨	腰头宽	1.2	4
⑩	省大	前省0.36×2，后省0.75×2	前省1.2×2 后省2.5×2

斜裙样板详见图2-6。

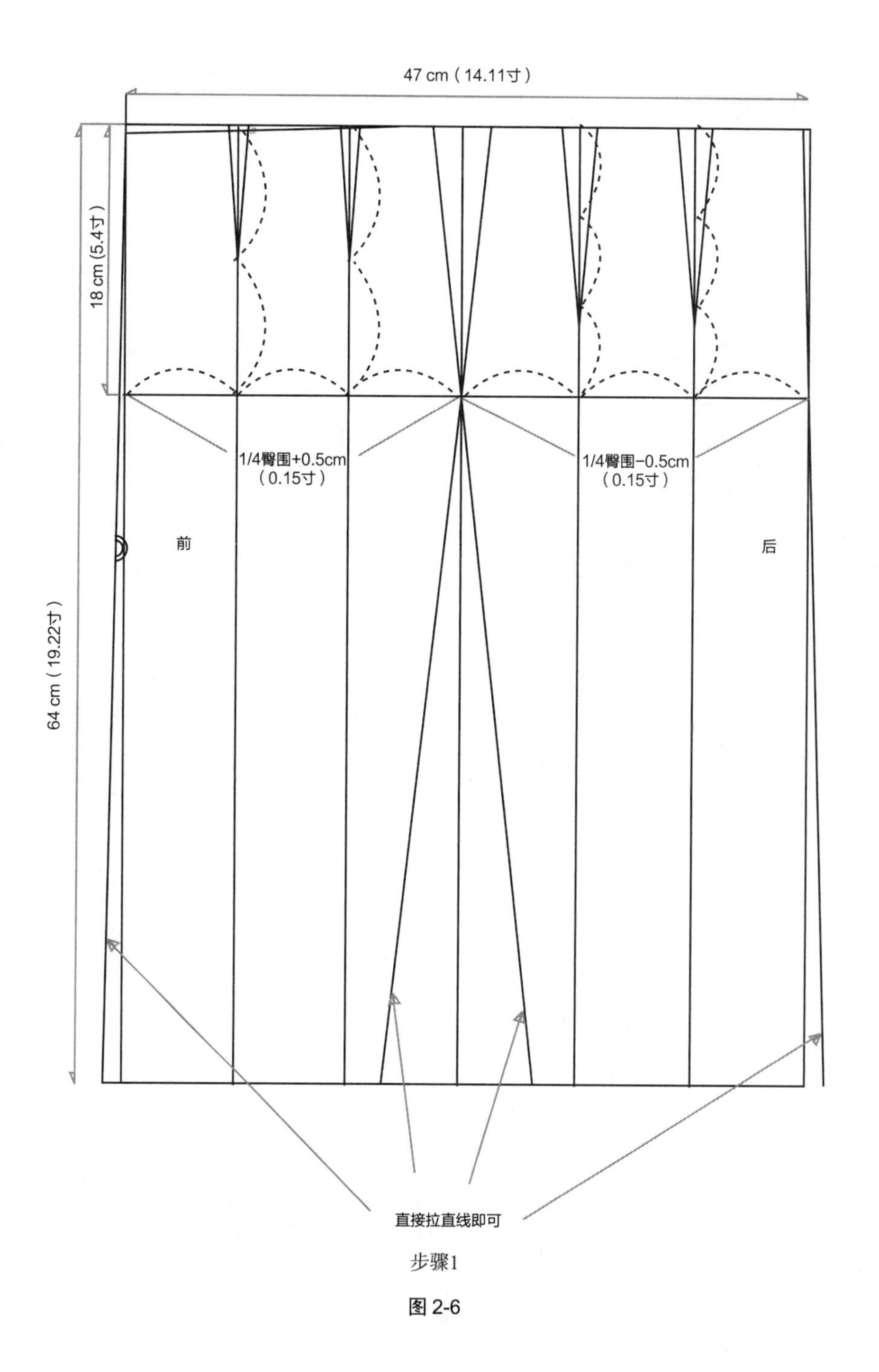
47 cm（14.11寸）
18 cm (5.4寸)
64 cm（19.22寸）
1/4臀围+0.5cm
（0.15寸）
1/4臀围−0.5cm
（0.15寸）
前
后
直接拉直线即可

步骤1

图 2-6

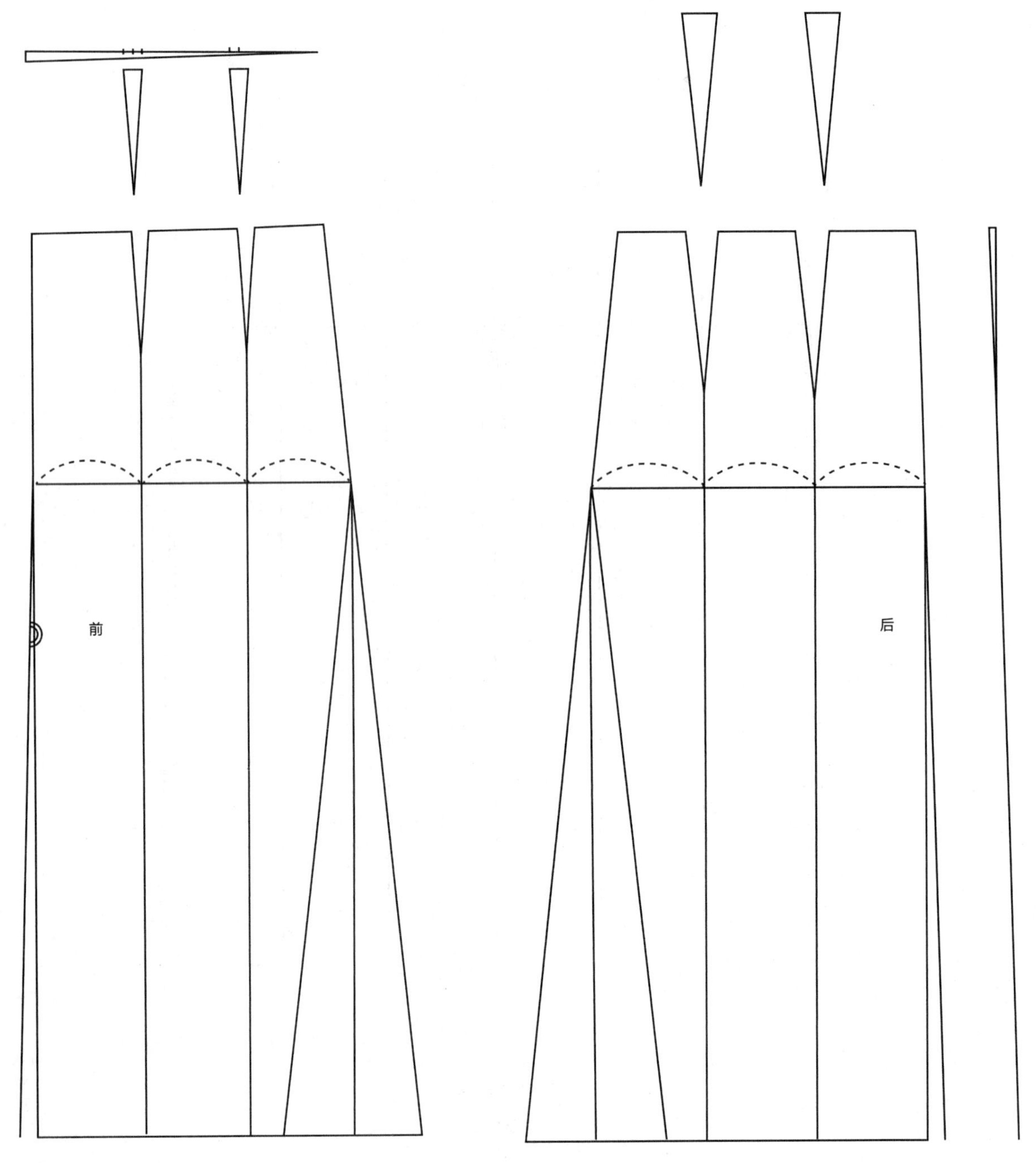

步骤2

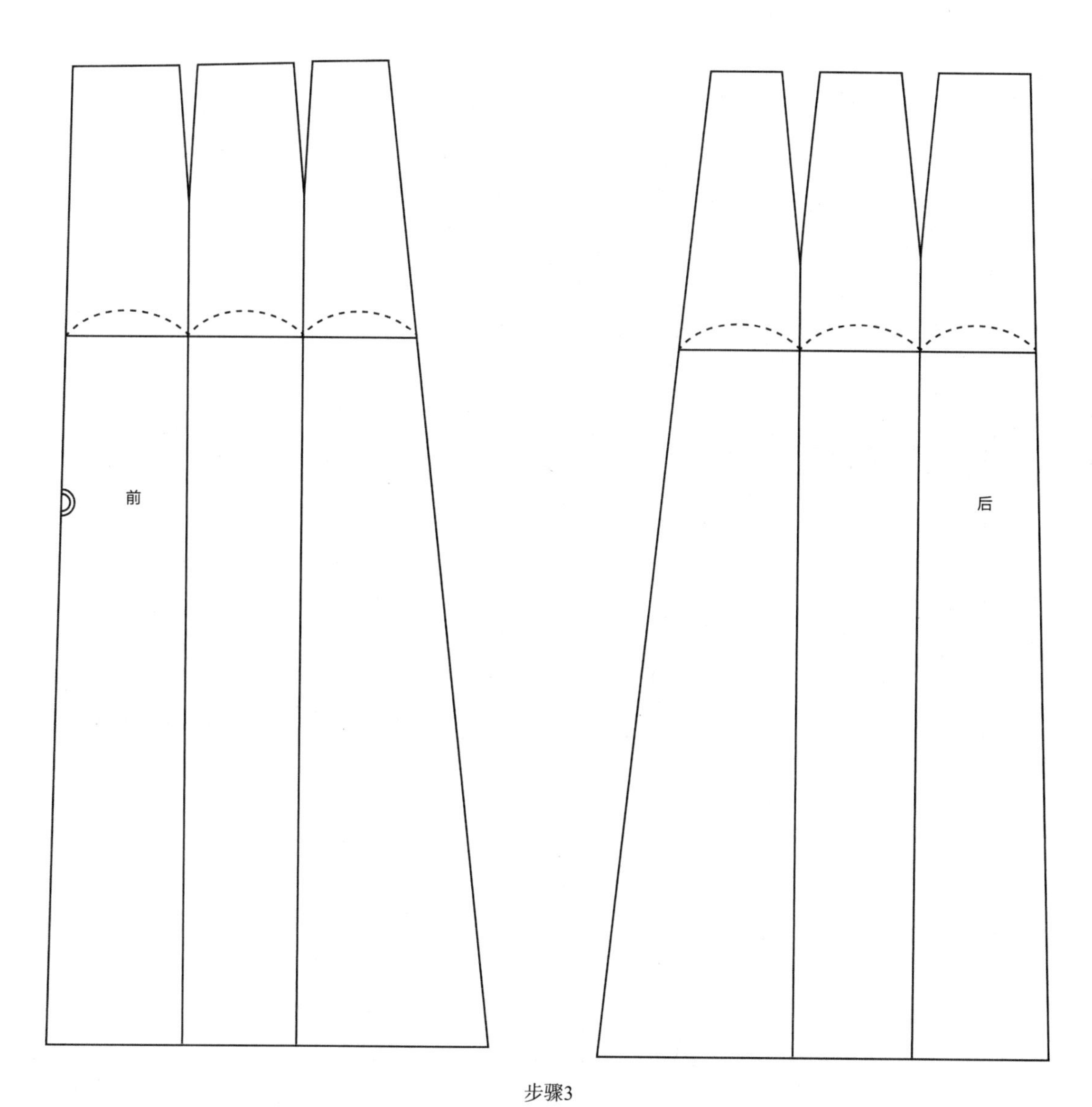

步骤3

图 2-6

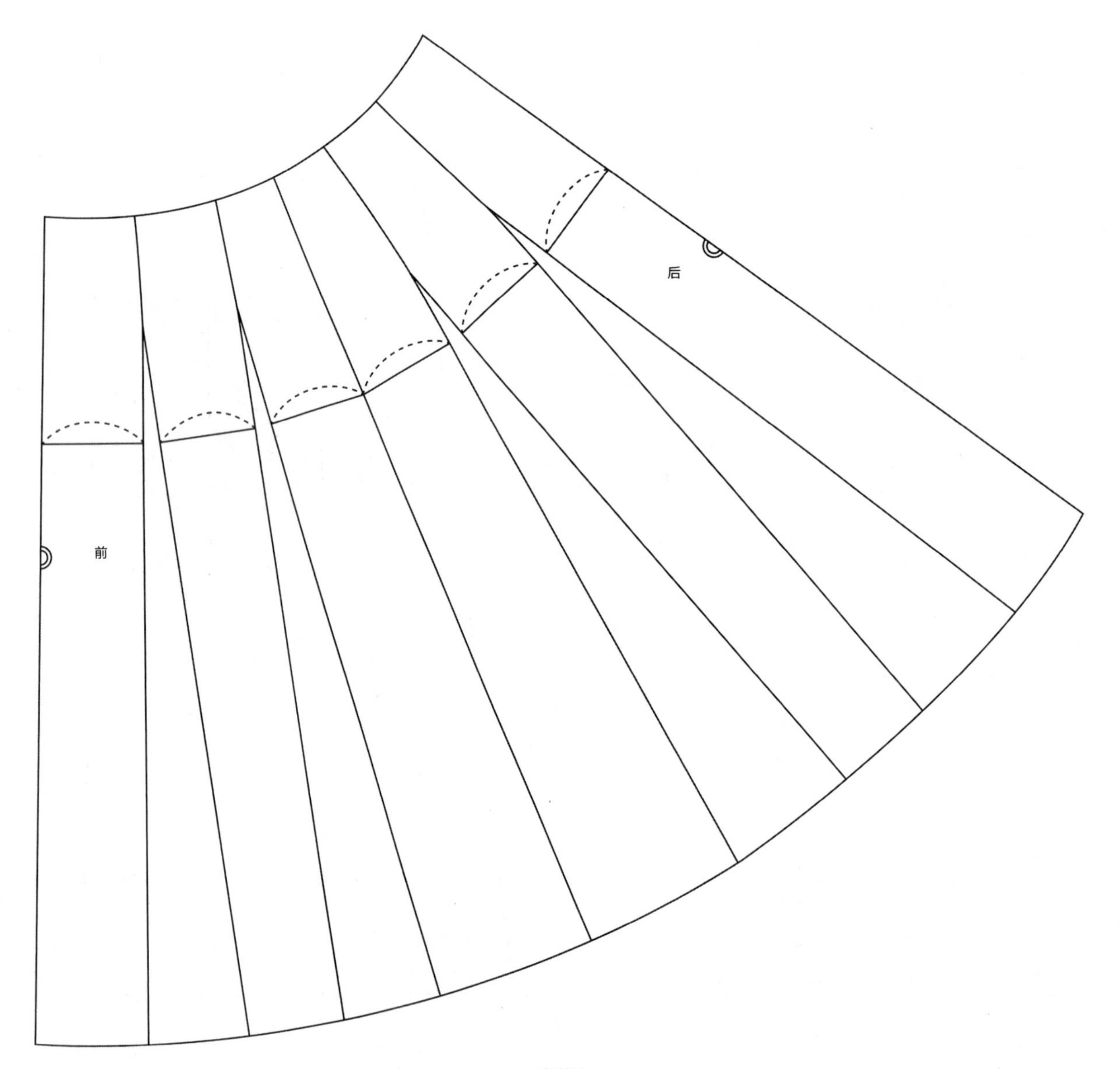

步骤4

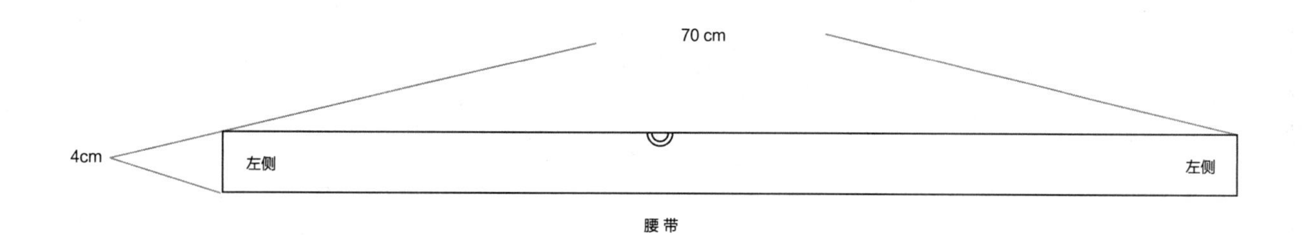

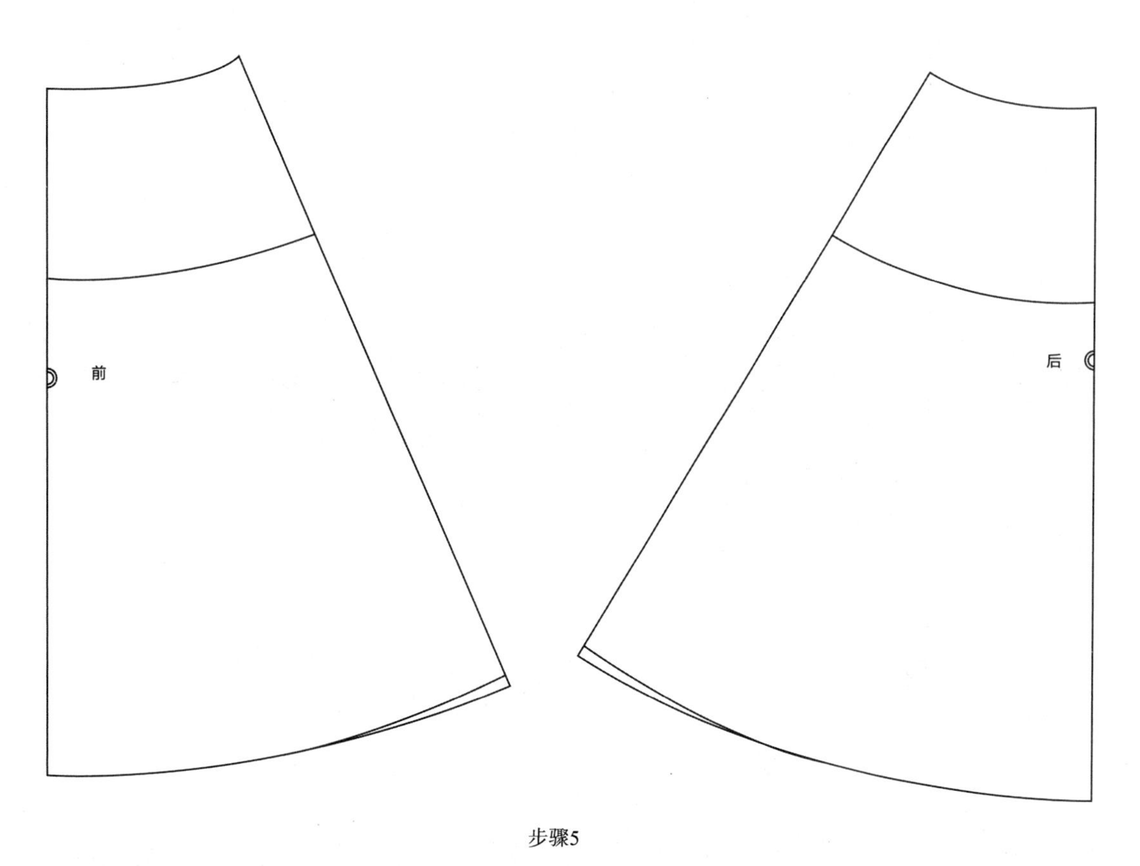

步骤5

图 2-6

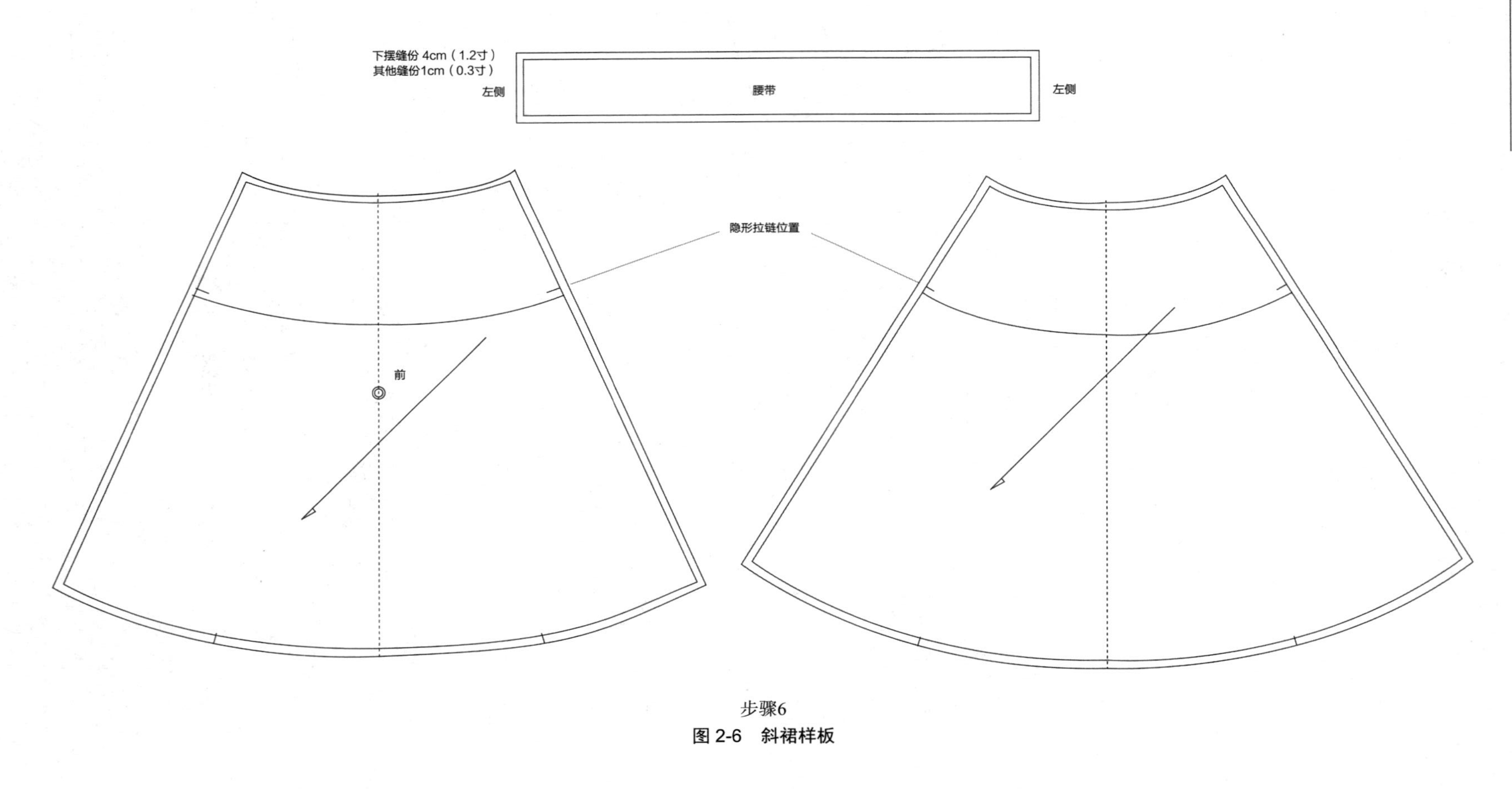

步骤6

图 2-6 斜裙样板

2.4 抽褶裙的裁剪步骤与技巧

抽褶裙是通过在裙子的特定部位进行抽褶处理，使面料形成有规律的褶皱，从而创造出丰富的层次感和装饰效果。这种设计手法可以使裙子更具动态美，增添时尚感和艺术感。无论是日常休闲还是正式场合，抽褶裙都能为穿着者增添一份独特的魅力，抽褶裙样式见图2-7。

图 2-7　抽褶裙

2.4.1 裁剪步骤

（1）绘制基础版型

根据测量数据，绘制出裙子的基础版型，包括腰围、臀围及裙摆的基本形状。

（2）计算抽褶量

根据设计，计算并标记出需要抽褶的部位和相应的抽褶量。通常，褶皱部分需要预留出比实际尺寸多出1.5～2倍的面料量。

（3）裁剪面料

将基础版型置于面料上，按版型裁剪出裙子所需的各部分面料，包括腰部、裙身和抽褶部分。

（4）制作抽褶

在抽褶部分的面料上，根据之前的标记，通过抽褶线或缝纫机进行抽褶处理。

（5）组装裙子

将抽褶部分与裙子的腰部和裙身部分缝合在一起，形成完整的裙子。

2.4.2 裁剪技巧

（1）面料选择

选择具有一定弹性和伸缩性的面料，以便更好地形成抽褶效果。

（2）合理计算抽褶量

根据设计需求和面料特性，合理计算抽褶量，避免过多或过少导致效果不佳。

2.4.3 裁剪范例

成品规格见表2-7。

表 2-7　成品规格

部　　位	裙长（L）	腰围（W）	腰头宽（WW）
尺　　寸（寸）	20.6	20.6	0.9
尺　　寸（cm）	68	68	3

抽褶裙样板详见图2-8。

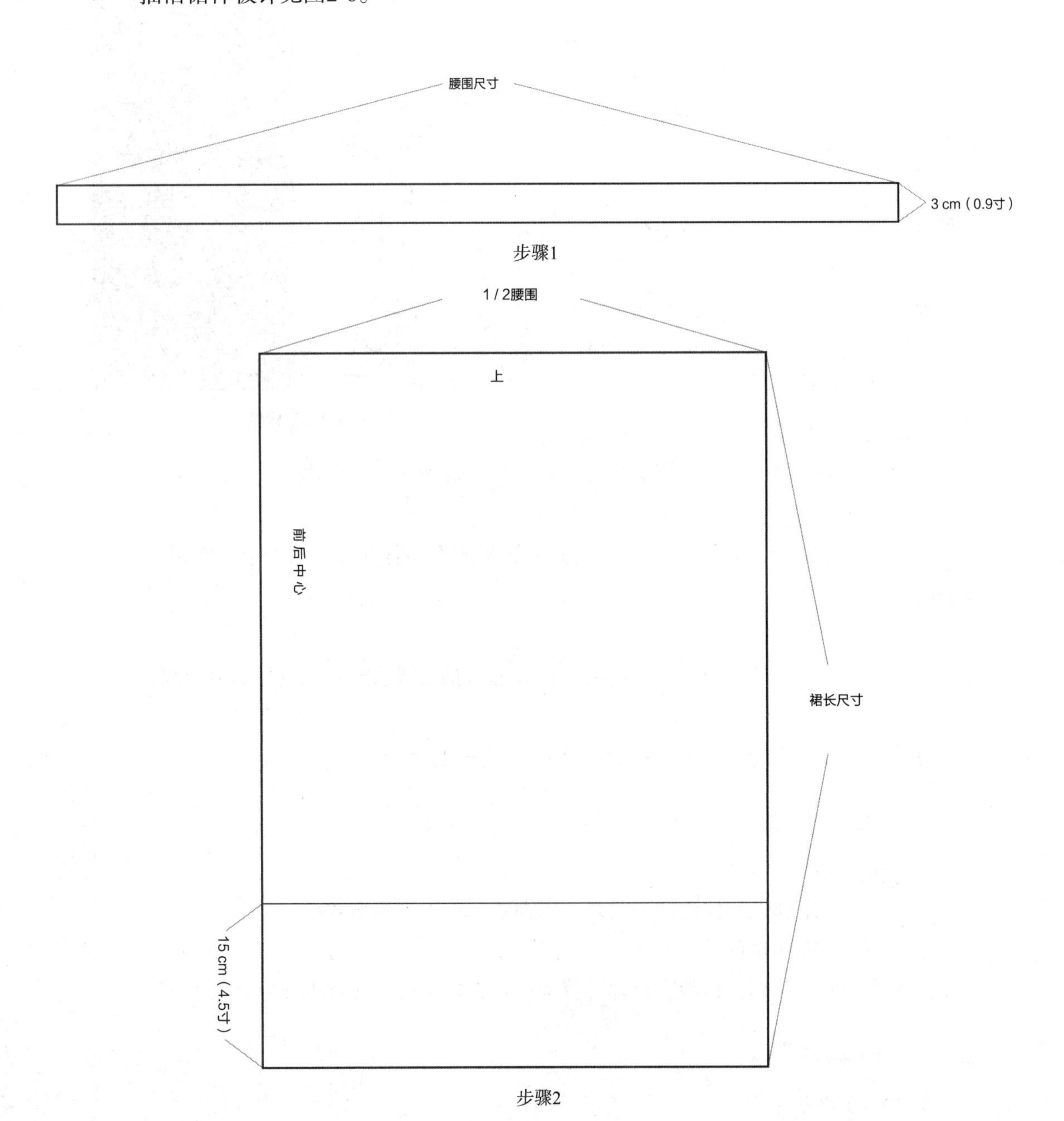

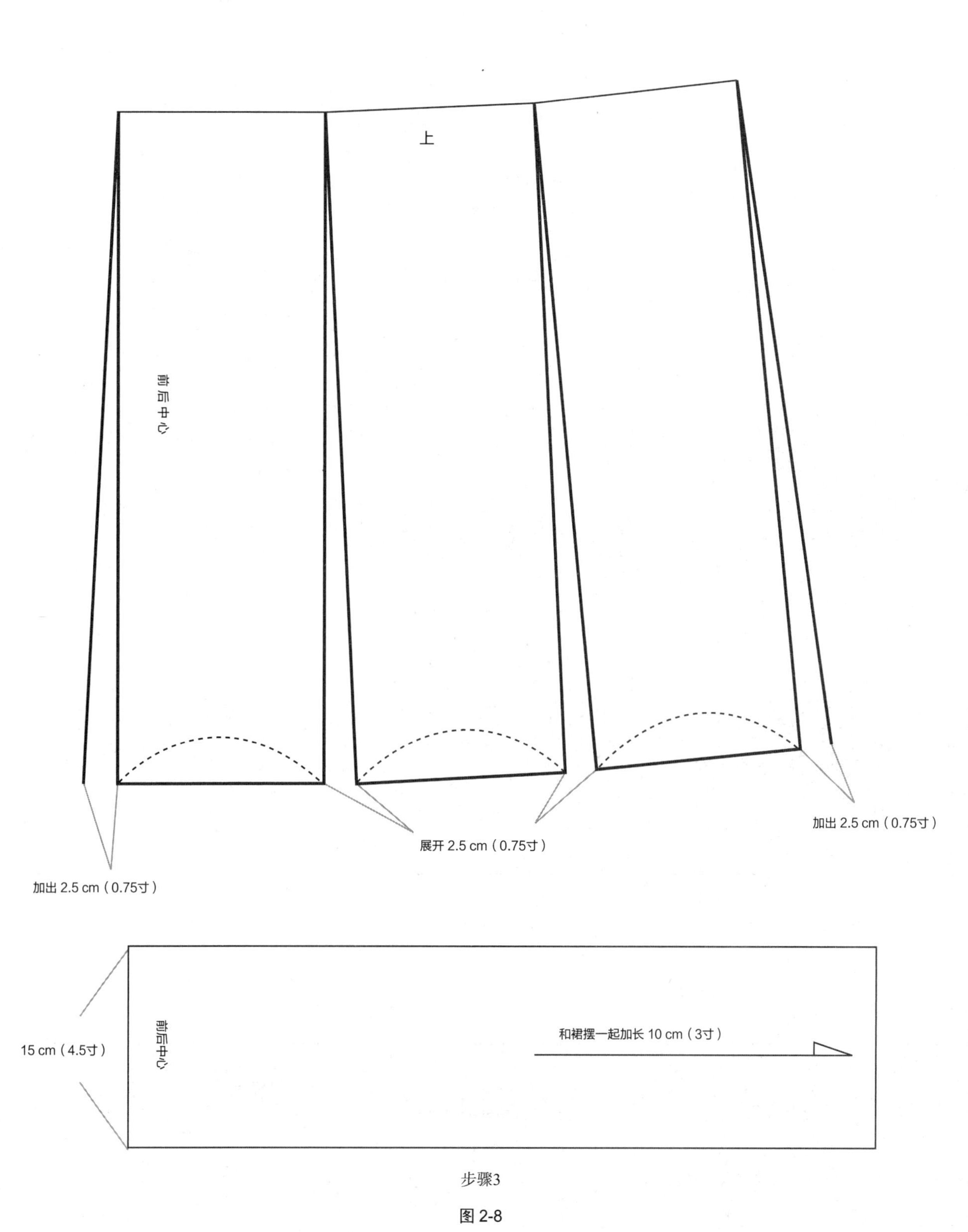
上
前后中心
加出 2.5 cm（0.75寸）
展开 2.5 cm（0.75寸）
加出 2.5 cm（0.75寸）
15 cm（4.5寸）
前后中心
和裙摆一起加长 10 cm（3寸）

步骤3

图 2-8

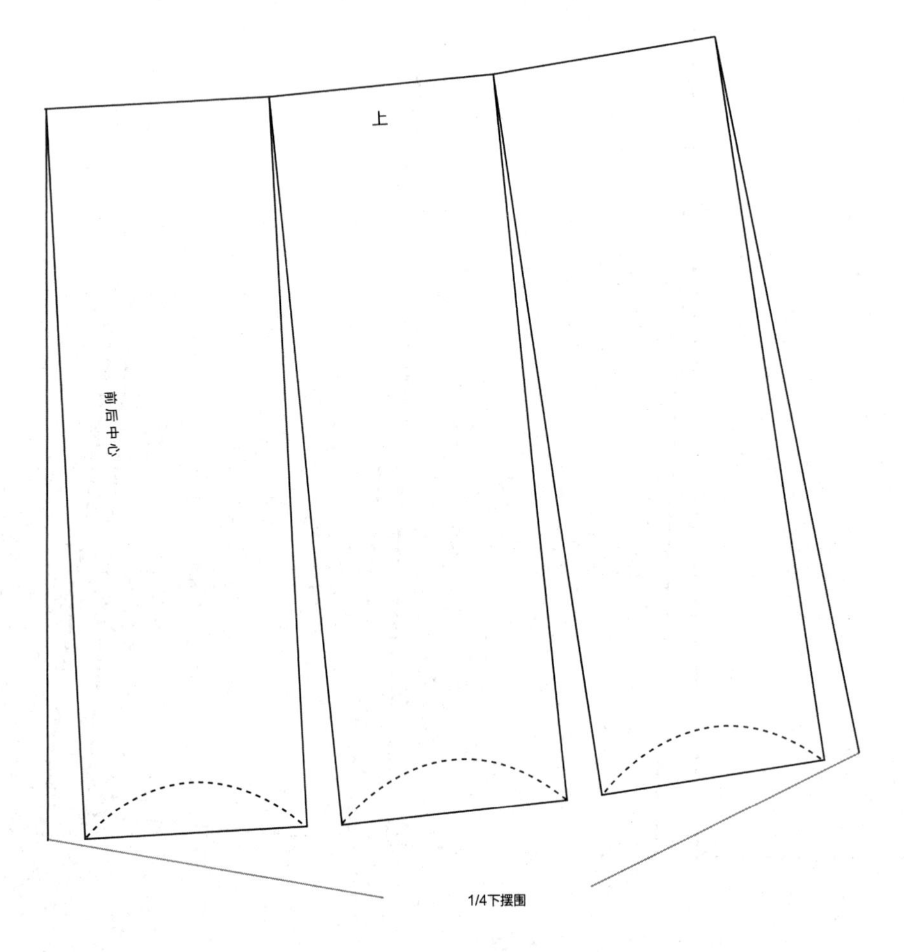

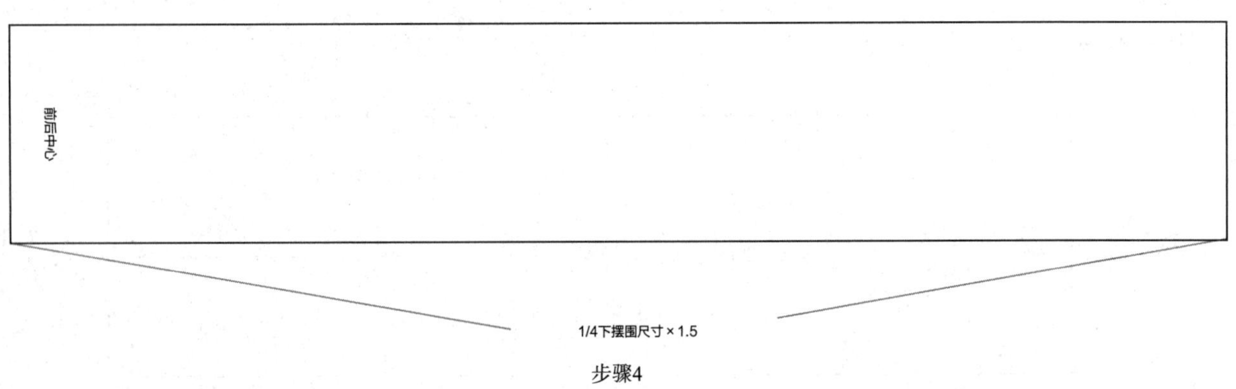

步骤4

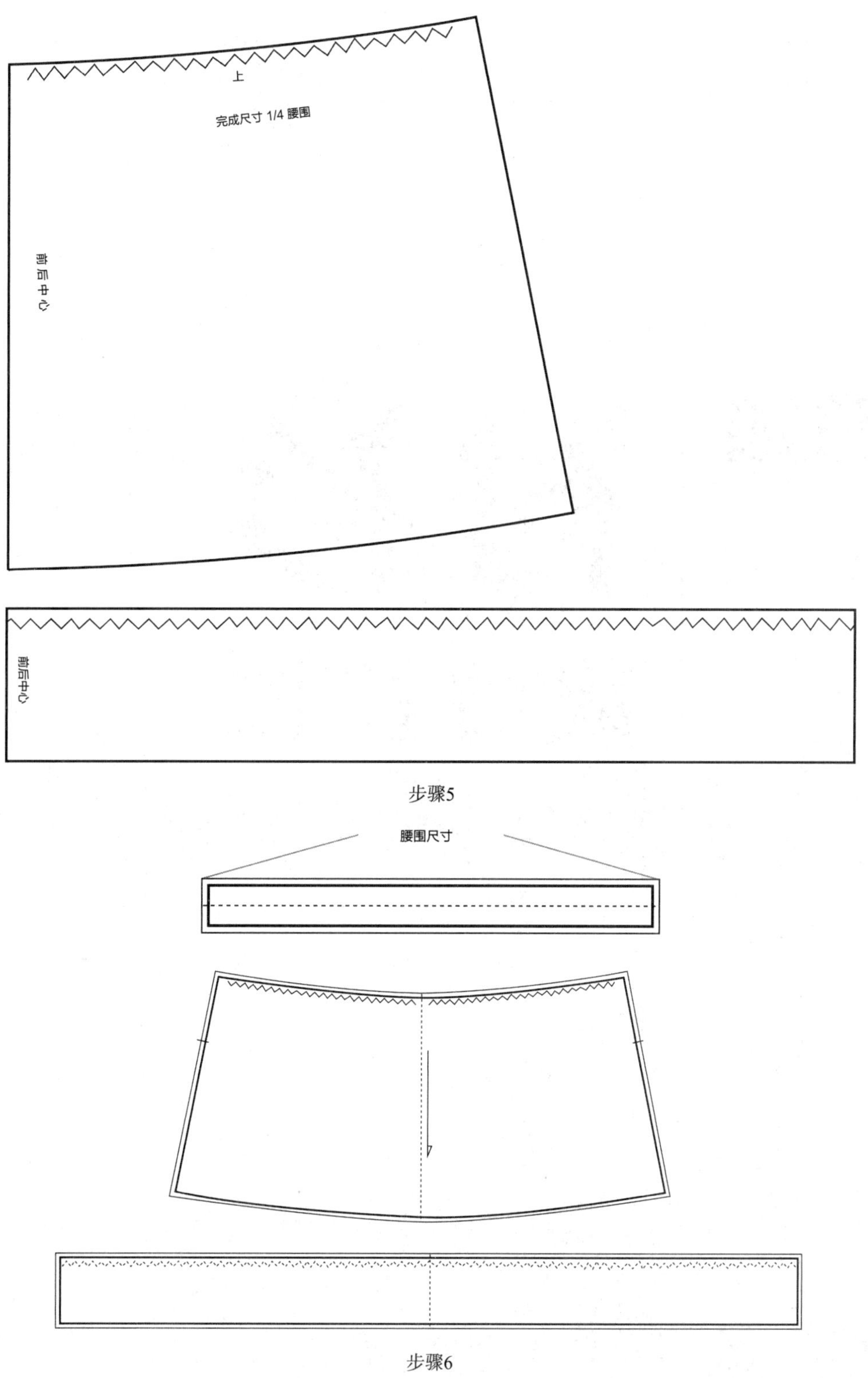

图 2-8　抽褶裙样板

第3章 衬衫裁剪技法

3.1　男式尖领衬衫的裁剪步骤与技巧

男式尖领衬衫的显著特征是领尖角度小于90度，两边的领尖部位靠得较近，领部呈尖形，向下延伸。这种领形能够拉长面部比例，适合面部圆润及脖子较短的男士穿着。男式尖领衬衫作为一种经典款式，在男士着装中一直占有一席之地。男式尖领衬衫样式见图3-1。

图 3-1　男式尖领衬衫

3.1.1　裁剪步骤

（1）绘制基础纸样

在纸上绘制衬衫的基础样式，包括前后片、袖子等部分。

（2）裁剪领尖

领尖角度：男士衬衫领尖的角度通常为60度，使用三角板来量取和标记即可。

裁剪：在布料上标出领角，用三角板将尖物对准领角上的点，调整至准确位置后，用剪刀沿着三角板将布料裁剪成正三角形，完成领尖的裁剪。

（3）确定领子长度和宽度

长度测量：根据脖子的大小和个人偏好来测量领子的长度，用量尺在布料上标出长度合适的线。

宽度确定：领子宽度通常为1.05寸（3.5cm），标出领子的宽度后，将布料裁剪至合适的长度和宽度。

（4）裁剪领脚

领脚的长度通常为2.85寸（9.5cm），在布料上标记好后，画出两条竖线，用直尺和剪刀将布料裁剪成两个长方形，留出一定的缝边。

（5）合并和修整

将领尖和领子对应缝合在一起，注意保持平整。与此同时，将两个领脚缝合在一起，再将领脚和领子合并在一起。修整领子的边缘，确保领子整洁、美观。

3.1.2　裁剪技巧

（1）量尺准确

特别是领子长度的测量必须精确，以确保衬衫合身。

（2）保持领尖长度一致

在裁剪和缝合过程中，注意确保两个领尖的长度完全一致。

3.1.3 裁剪范例

成品规格见表3-1。

表 3-1 成品规格

部　位	后中长（L）	胸围（B）	肩宽（S）	袖长（SL）	领围（N）	下摆（BT）	袖口（CW）
尺寸（寸）	22.1	33.3	14	18	12.4	33.3	7.7
尺寸（cm）	73	110	46	59.5	41	110	25.5

主要部位尺寸见表3-2。

表 3-2 主要部位尺寸

序　号	部　位	尺　寸（寸）	尺　寸（cm）
①	衣长	21.47	71.5
②	前直开领	2.34	7.8
③	前横开领	2.3	7.5
④	肩宽	6.9	23
⑤	前落肩	1.7	5.5
⑥	前袖窿深	6.2	20.5
⑦	前胸围	8.3	27.5
⑧	下摆	8.3	27.5
⑨	后横开领	2.34	7.8
⑩	后直开领	0.78	2.6
⑪	后肩宽	7	23
⑫	后复势高	2.4	8
⑬	后胸围	8.3	27.5
⑭	袖长	15.91	53
⑮	袖山深	3.4	11.3
⑯	袖山斜线	实测	实测
⑰	领大	6.2	20.5
⑱	上领高	1.2	4
⑲	领尖长	2.2	7.3
⑳	底领高	0.9	3
㉑	后复势高	2.4	8

男式尖领衬衫样板详见图3-2。

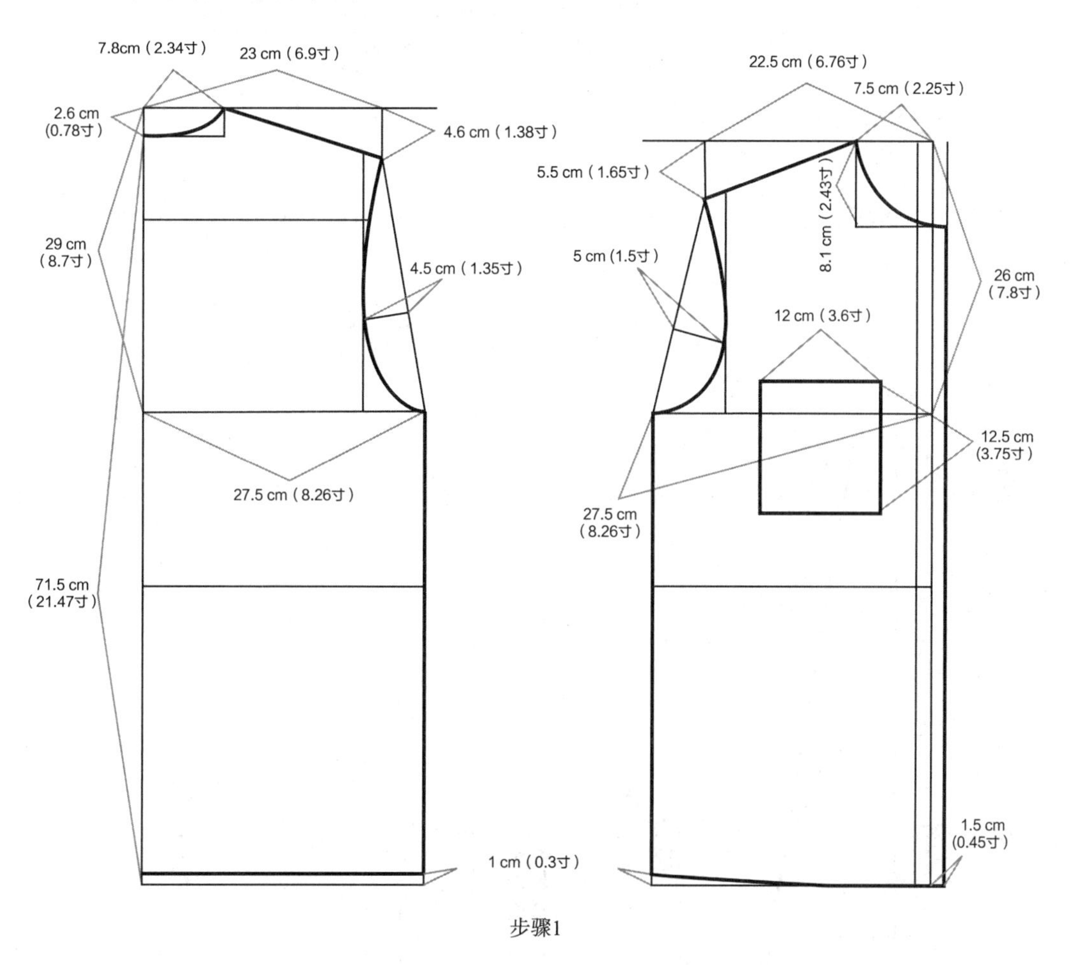

步骤1

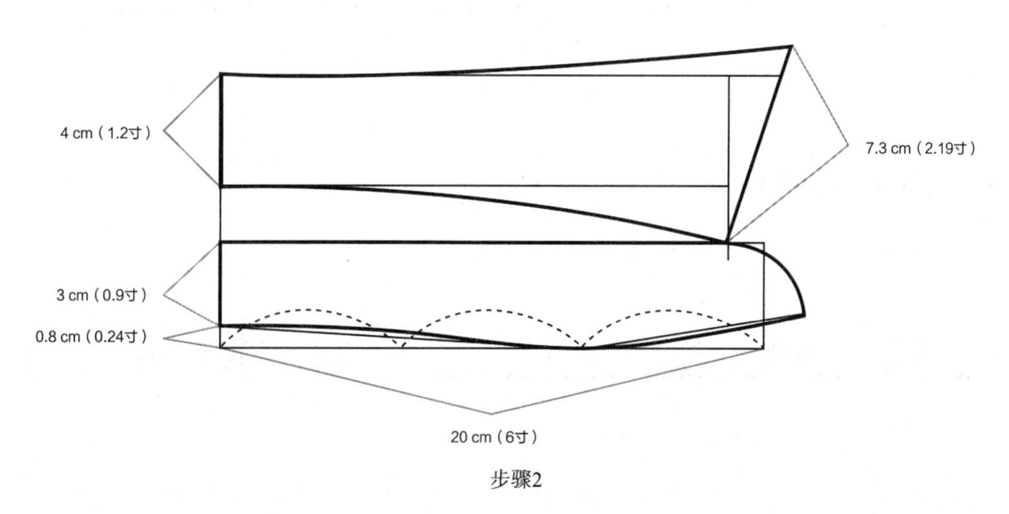

步骤2

图 3-2

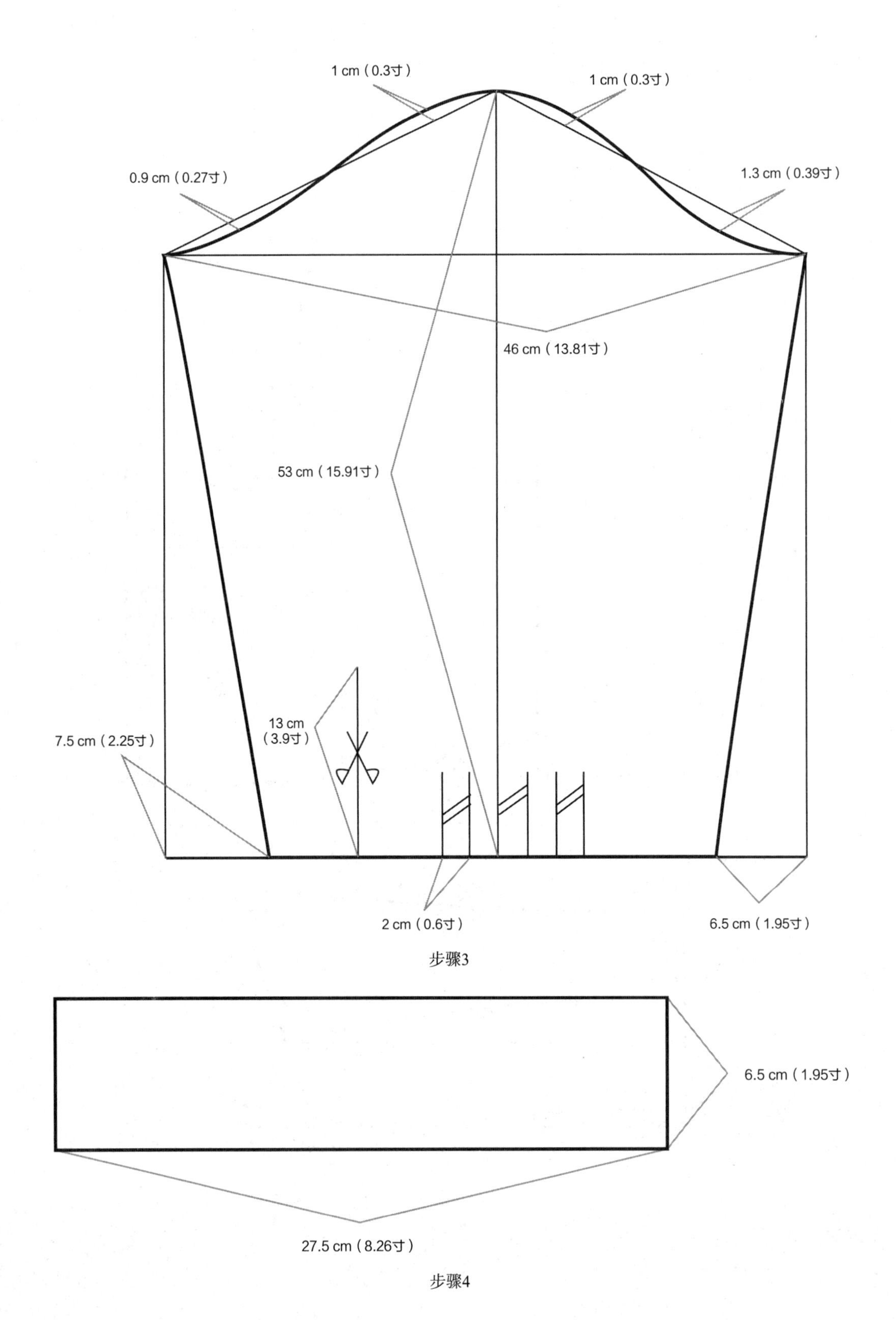
1 cm（0.3寸）
1 cm（0.3寸）
0.9 cm（0.27寸）
1.3 cm（0.39寸）
46 cm（13.81寸）
53 cm（15.91寸）
13 cm
（3.9寸）
7.5 cm（2.25寸）
2 cm（0.6寸）
6.5 cm（1.95寸）

步骤3

6.5 cm（1.95寸）
27.5 cm（8.26寸）

步骤4

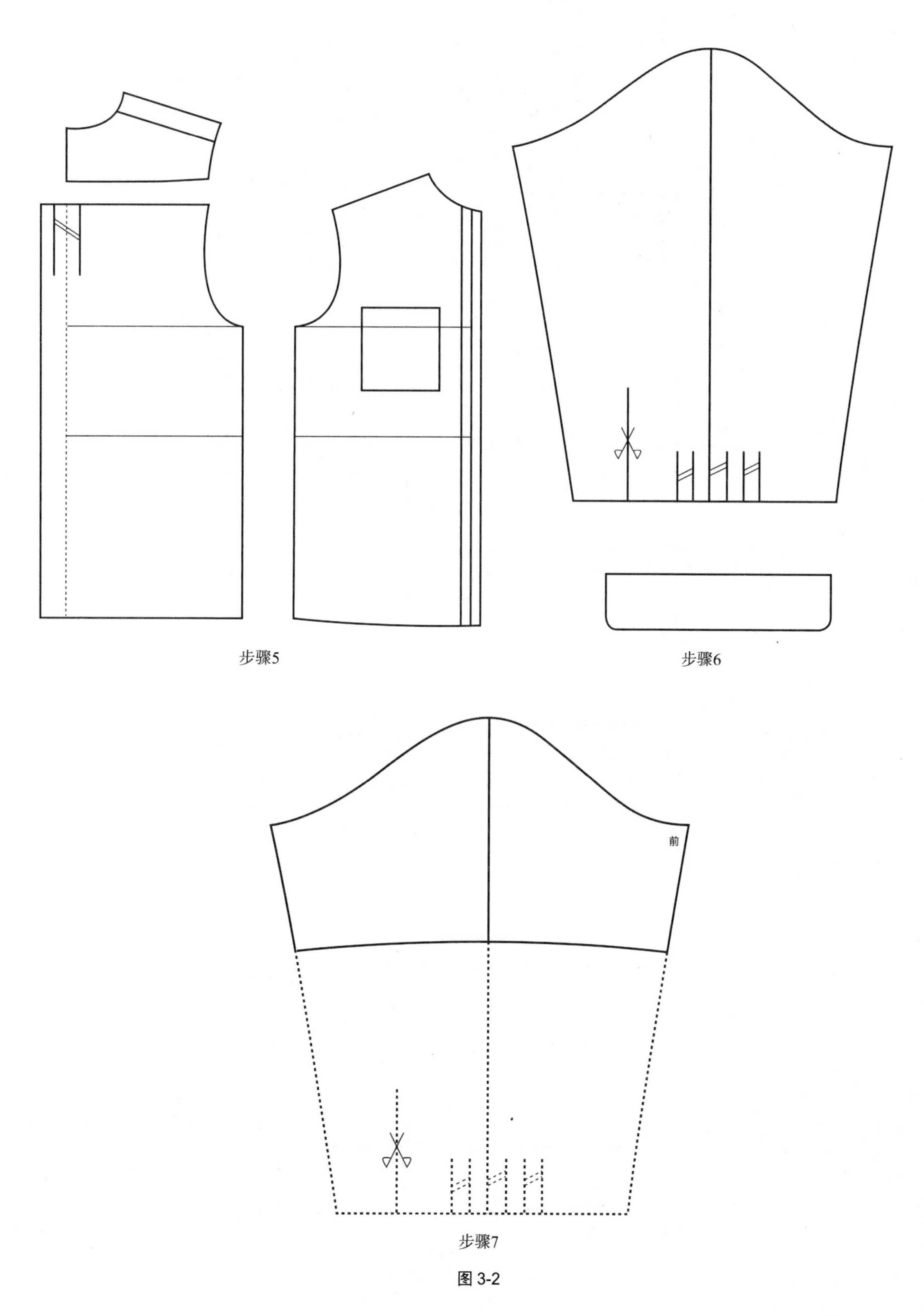

步骤5

步骤6

步骤7

图 3-2

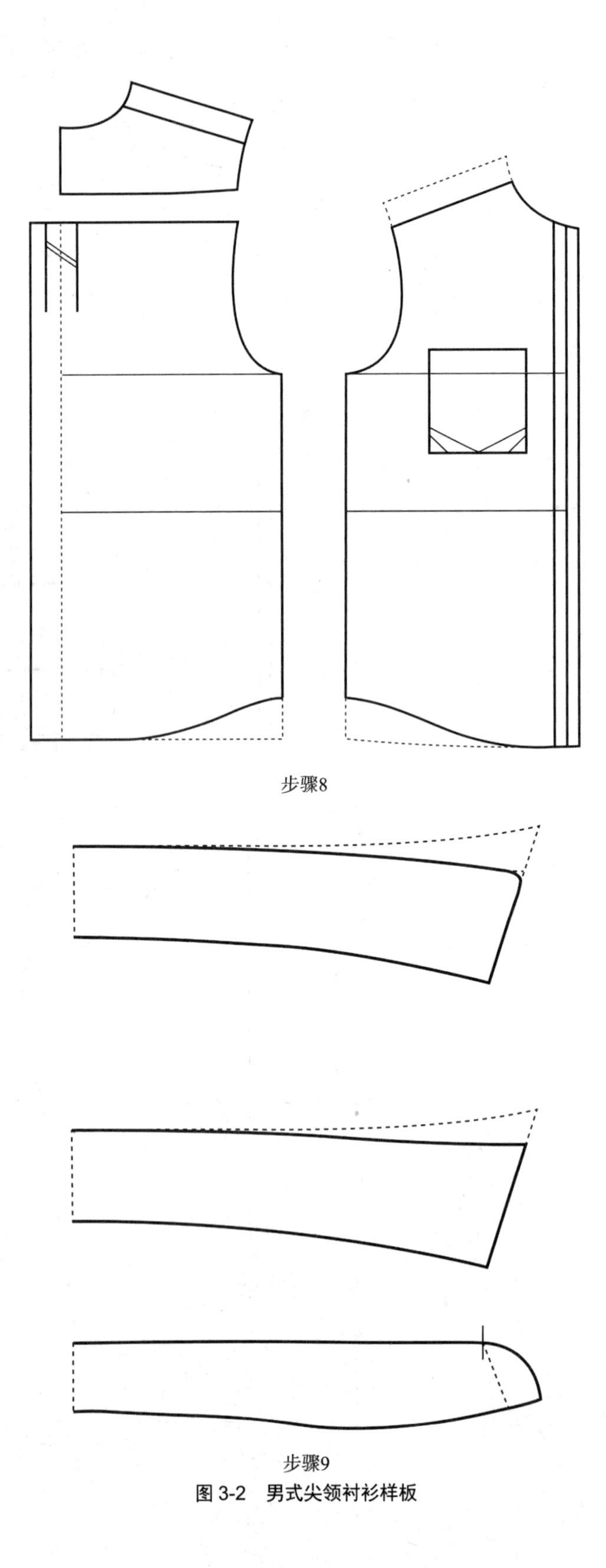

步骤8

步骤9

图 3-2　男式尖领衬衫样板

3.2　抽褶女衬衫的裁剪步骤与技巧

抽褶女衬衫，也称为碎褶或缩褶女衬衫，是通过在面料上运用抽褶工艺，使面料积聚收缩或抽紧，从而形成独特、丰富的褶皱效果。这种设计使得衬衫更具层次感和立体感，增加了装饰效果。抽褶女衬衫适用于多种场合，如休闲、工作、约会等，可以根据不同的搭配和穿着需求，展现出不同的风格和气质。抽褶女衬衫的样式见图3-3。

图 3-3　抽褶女衬衫

3.2.1　裁剪步骤

（1）测量与裁剪

根据款式和尺寸要求，确定每片衣片所需布料的大小。纵向取造型线距离 ×3，横向取造型线距离加2.4寸（8cm），以确保有足够的布料进行调整。随后，按布料纵横向打剪口，并将布边用手撕掉，整理好布纹，保证布料的丝绺横平竖直。

（2）标记基准线

使用2B铅笔或颜色醒目的色笔在布料上标记出相应的基准线，如前中心线等。用黏合带在人体模型上将造型线标记出来，以便后续裁剪和抽褶操作。

（3）裁剪衣片

根据设计图和人体模型上的造型线，裁剪出衣片，包括前衣片、后衣片、袖子等。

（4）肩部抽褶

将肩带布料附在人体模型的肩部，从颈部向肩部方向进行缩褶处理。注意调整褶纹的长短、起伏及褶量的均匀分布，确定后用针固定。

（5）胸部抽褶

在左右两侧胸部按照造型线做斜向缩褶，注意人体模型的胸部起伏，用珠针固定在造型线上。

（6）拼接衣片

将裁剪好的衣片按照设计图进行拼接，注意保持衣片的平整和对称。

3.2.2 裁剪技巧

（1）布料选择

抽褶女衬衫中用于缩褶的坯布应选取斜纱坯布，以便更好地展现抽褶效果。

（2）丝绺方向的合理性

在裁剪时，注意丝绺的方向对抽褶效果的影响。平褶的效果更适合用直丝或横丝来抽褶，而斜丝抽褶后则适合表现悬垂效果。

（3）实用性与装饰性相结合

在抽褶设计中，要将省道融入造型中，使衣身整体的造型更加贴合人体体型。同时，也要考虑抽褶的装饰性，使其成为整体造型的一部分。

3.2.3 裁剪范例

成品规格见表3-3。

表 3-3 成品规格

部 位	后中长（L）	胸围（B）	肩宽（S）	袖长（SL）	袖口（CW）	领围（N）	腰节（WL）
尺寸（寸）	18.1	29	12.1	17.6	7.9	14	11.5
尺寸（cm）	60	96	40	58	26	46.4	38

主要部位尺寸见表3-4。

表 3-4 主要部位尺寸

序 号	部 位	尺 寸（寸）	尺 寸（cm）
①	衣长	18.2	60
②	前肩高	1.3	4.4
③	前胸围	7.4	24.5
④	前袖窿深	6.1	20
⑤	腰节	11.5	38
⑥	后袖窿深	6.8	22.5
⑦	后肩高	1.1	3.6
⑧	后胸围	7.1	23.5
⑨	袖长	17.42	58
⑩	袖口	3.9	13

抽褶女衬衫样板详见图3-4。

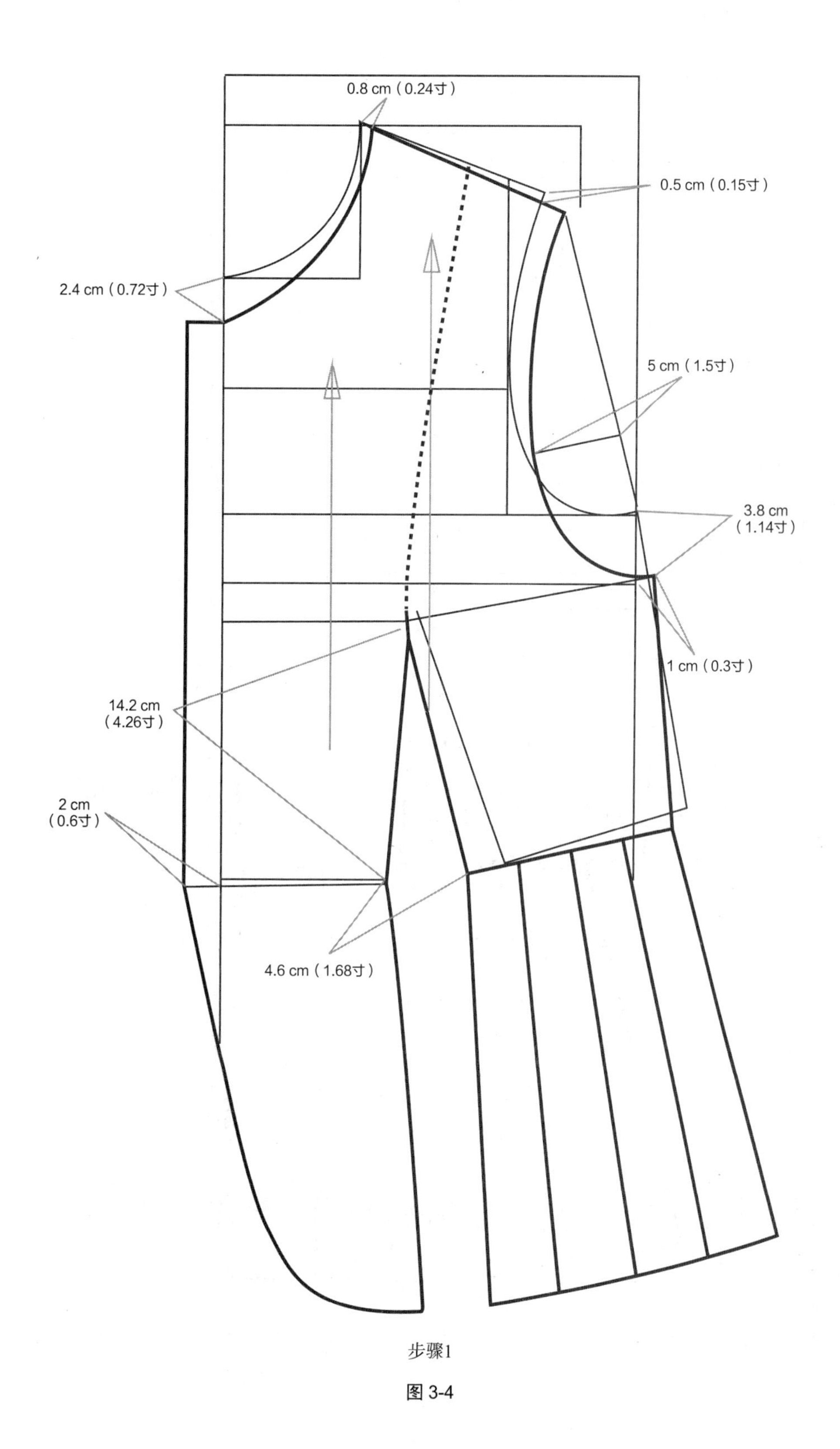
0.8 cm（0.24寸）
0.5 cm（0.15寸）
2.4 cm（0.72寸）
5 cm（1.5寸）
3.8 cm
（1.14寸）
1 cm（0.3寸）
14.2 cm
（4.26寸）
2 cm
（0.6寸）
4.6 cm（1.68寸）

步骤1

图 3-4

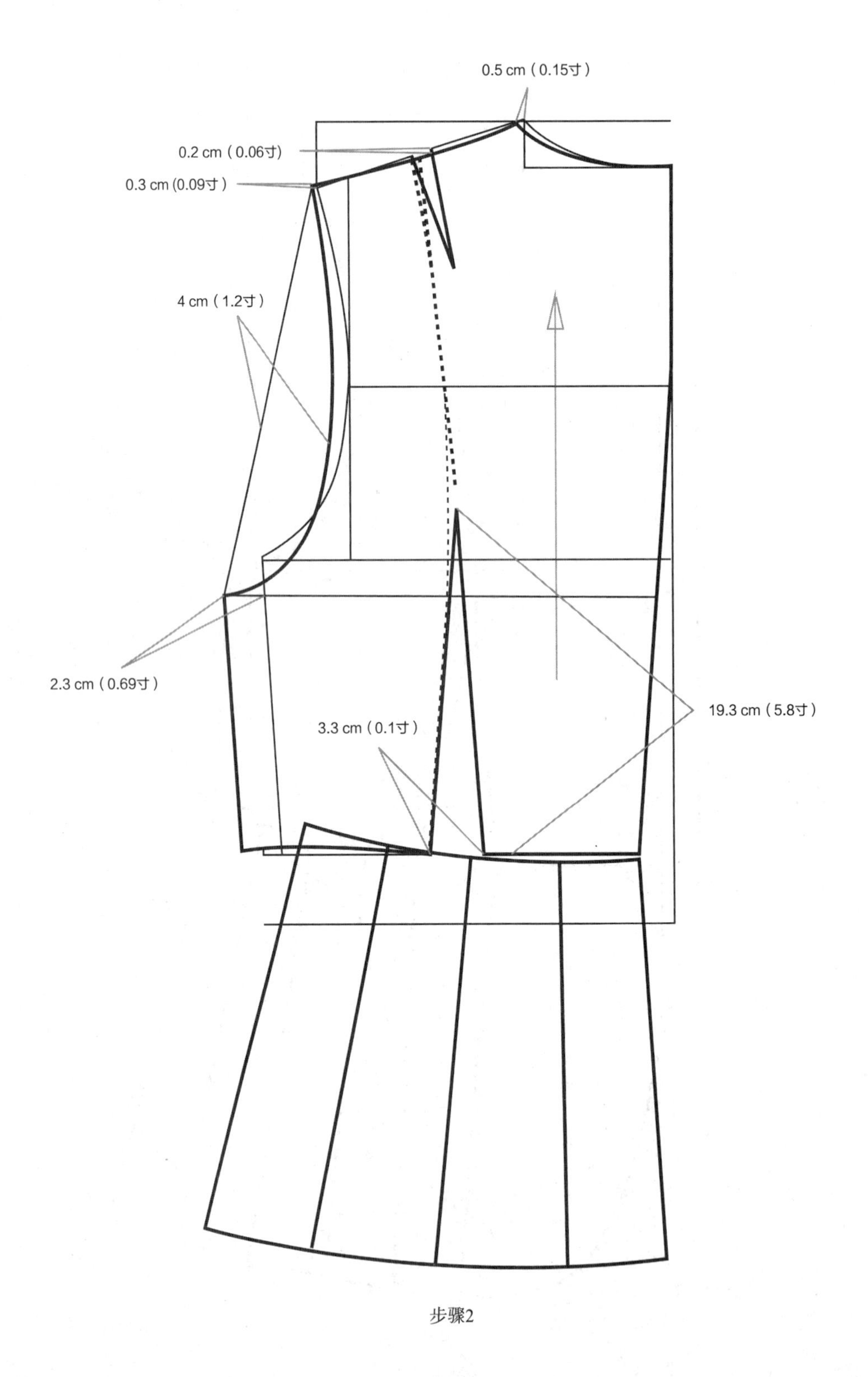
0.5 cm（0.15寸）
0.2 cm（0.06寸）
0.3 cm (0.09寸）
4 cm（1.2寸）
2.3 cm（0.69寸）
3.3 cm（0.1寸）
19.3 cm（5.8寸）

步骤2

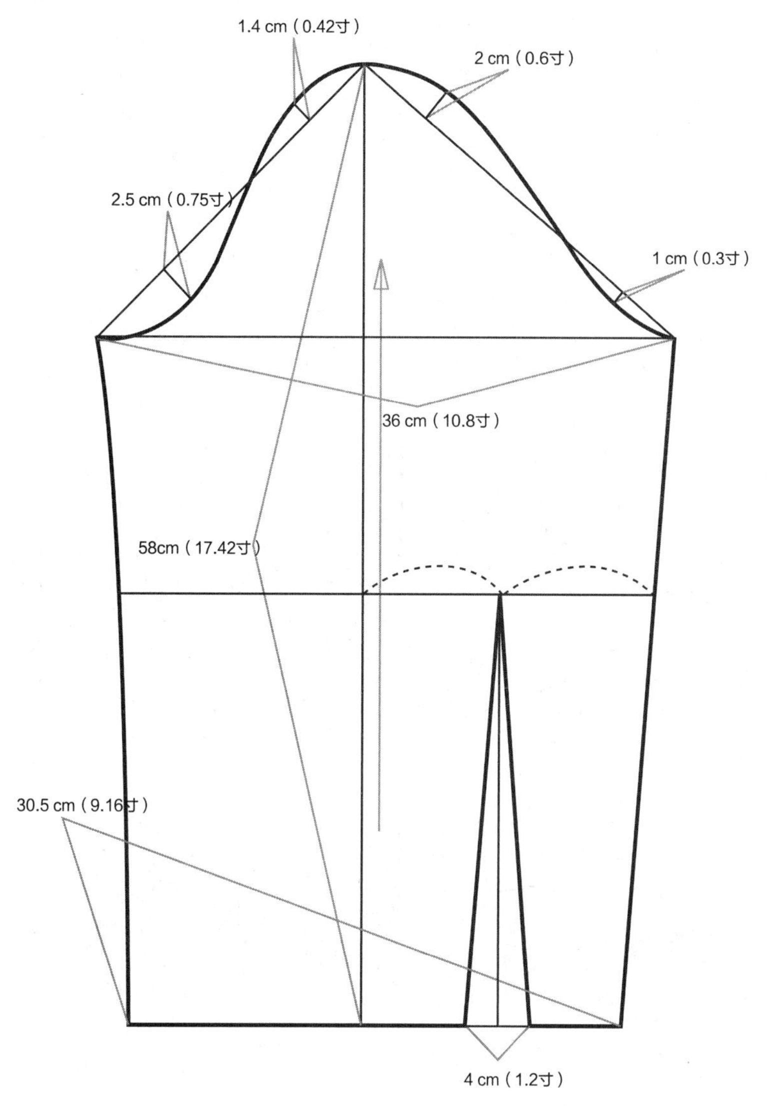
1.4 cm（0.42寸）
2 cm（0.6寸）
2.5 cm（0.75寸）
1 cm（0.3寸）
36 cm（10.8寸）
58cm（17.42寸）
30.5 cm（9.16寸）
4 cm（1.2寸）

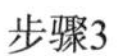
步骤3

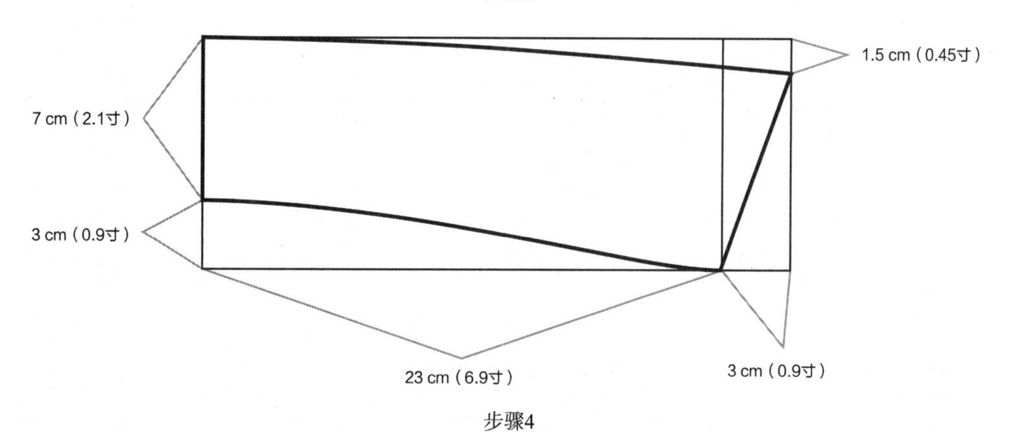
1.5 cm（0.45寸）
7 cm（2.1寸）
3 cm（0.9寸）
23 cm（6.9寸）
3 cm（0.9寸）

步骤4

图 3-4

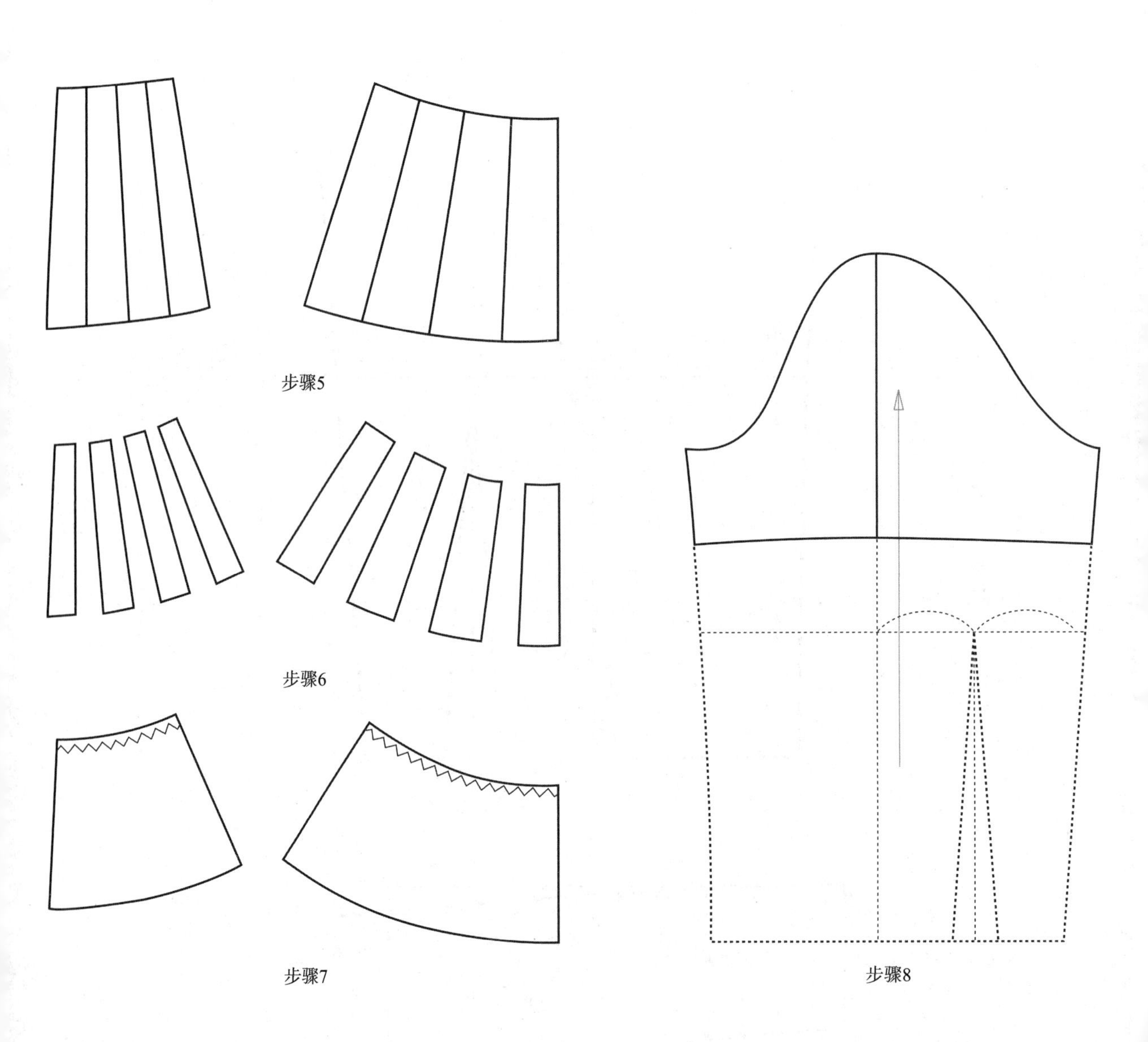

图 3-4　抽褶女衬衫样板

3.3　泡泡袖女衬衫的裁剪步骤与技巧

泡泡袖女衬衫是一种具有特定袖形设计的女装衬衫。其设计特点为在袖山处抽碎褶而蓬起呈泡泡状。泡泡袖女衬衫的材质和风格多样，可以根据不同的面料、颜色和图案来展现不同的风格。例如，薄透面料的泡泡袖衬衫适合搭配水晶首饰，而硬挺的PVC面料则适合搭配金属配饰。泡泡袖女衬衫的样式见图3-5。

图3-5　泡泡袖女衬衫

3.3.1　裁剪步骤

（1）绘制基础袖型

首先，根据衬衫的款式和尺寸，绘制出基础的女衬衫袖形，确定袖长、袖口宽度等基本参数。

（2）确定泡泡袖的起始点

在袖山（即袖子的最高点）处，确定泡泡袖的起始点。这个起始点通常位于袖山的最高点或稍向下一点。

（3）裁剪纸样

沿着确定的泡泡袖起始点，从袖中线开始，向两侧裁剪纸样。裁剪时，要确保两侧对称，并且裁剪的线条流畅。

（4）展开泡泡袖

将裁剪后的前后袖衫分别向两边展开，以形成泡泡袖的效果。展开的量即为袖衫的收裥量，具体数值可以根据款式和设计需求来确定。例如，可以设定袖中共展开1.8寸（6cm），前、后袖分别展开0.9寸（3cm）。

（5）绘制并调整泡泡袖轮廓

在展开后，根据展开的量和设计需求，绘制出完整的泡泡袖轮廓。在此过程中，可能需要对轮廓进行微调，以确保泡泡袖的形状和大小符合设计要求。

（6）转移到布料上

将绘制好的泡泡袖纸样转移到布料上，进行实际的裁剪。在转移时，要注意布料的纹理和图案，确保裁剪出的泡泡袖与整体设计相协调。

3.3.2 裁剪技巧

（1）肩的宽窄

泡泡袖款的女衬衫，肩宜窄不宜宽，一般要比普通款的窄0.6寸（2cm）左右。这样可以更好地突出泡泡袖的效果，使整体造型更加协调。

（2）泡泡袖的收裥量

收裥量的多少直接影响到泡泡袖的蓬松程度和形状。在确定收裥量时，要考虑款式、面料和穿着者的身材等因素。

（3）袖山的处理

泡泡袖的袖山部分需要特殊处理，以确保泡泡袖的蓬松度和形状。大家可以通过加深袖开深或加大袖肥大等方法来处理袖山部分。

3.3.3 裁剪范例

成品规格见表3-5。

表 3-5 成品规格

部　位	衣长（L）	胸围（B）	肩宽（S）	领围（N）	袖长（SL）
尺寸（寸）	18.32	28	11.5	13	17.2
尺寸（cm）	61	92.5	38	43	56.8

主要部位尺寸见表3-6。

表 3-6 主要部位尺寸

序　号	部　位	尺　寸（寸）	尺　寸（cm）
①	衣长	18.32	61
②	前领口深	2.61	8.7
③	前落肩	1.1	3.7
④	前袖窿深	5.5	18
⑤	腰节线	10.6	35
⑥	前底边上翘	0.6	2
⑦	止口线	0.75	2.5
⑧	叠门线	0.48	1.6
⑨	前领口宽	2.4	8
⑩	前肩宽	5.35	17.8
⑪	前冲肩	0.42	1.4
⑫	前胸围	7.1	23.5
⑬	后衣长	19.2	63.5

续表

序　　号	部　　位	尺　　寸（寸）	尺　　寸（cm）
⑭	后领口深	0.75	2.5
⑮	后落肩	0.9	3
⑯	后袖窿深	6.37	21.2
⑰	后领口宽	2.55	8.5
⑱	后肩宽	5.7	19
⑲	后冲肩	0.3	0.9
⑳	后胸围	7	23
㉑	袖长	17.2	56.8

泡泡袖女衬衫样板详见图3-6。

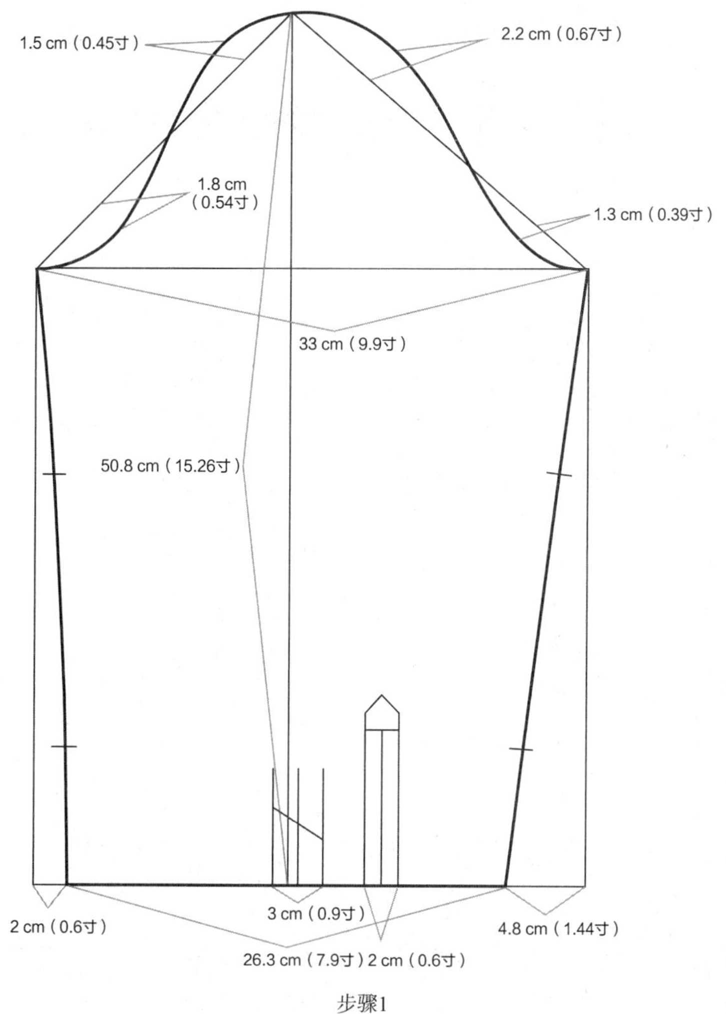

步骤1

图 3-6

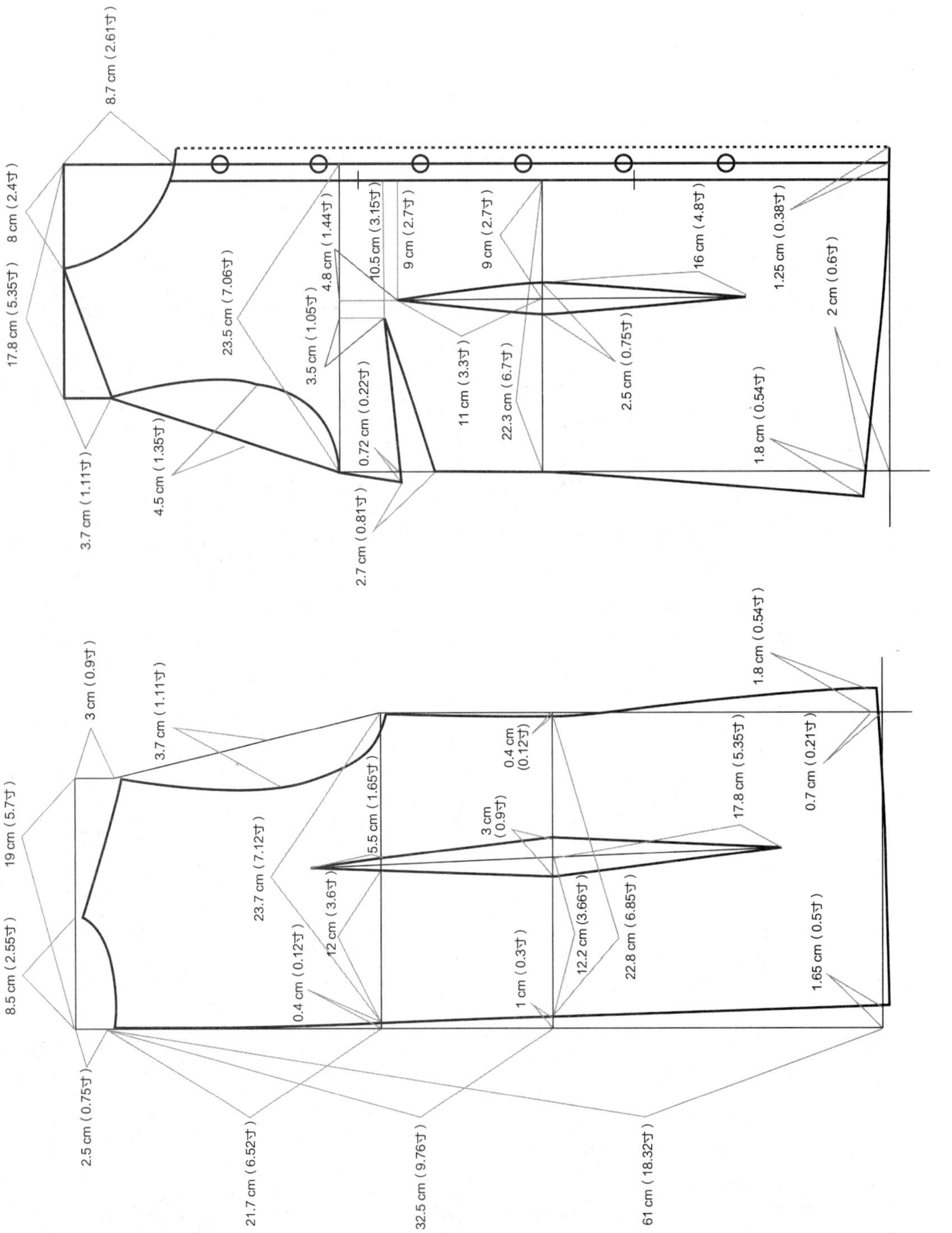

8.7 cm（2.61寸）
17.8 cm（5.35寸） 8 cm（2.4寸）
23.5 cm（7.06寸）
4.8 cm（1.44寸）
3.5 cm（1.05寸）
10.5 cm（3.15寸）
9 cm（2.7寸）
9 cm（2.7寸）
16 cm（4.8寸）
1.25 cm（0.38寸）
2 cm（0.6寸）
0.72 cm（0.22寸）
11 cm（3.3寸）
22.3 cm（6.7寸）
2.5 cm（0.75寸）
1.8 cm（0.54寸）
4.5 cm（1.35寸）
3.7 cm（1.11寸）
2.7 cm（0.81寸）

1.8 cm（0.54寸）
3 cm（0.9寸）
3.7 cm（1.11寸）
19 cm（5.7寸）
23.7 cm（7.12寸）
5.5 cm（1.65寸）
3 cm（0.9寸）
0.4 cm（0.12寸）
17.8 cm（5.35寸）
0.7 cm（0.21寸）
8.5 cm（2.55寸）
12 cm（3.6寸）
0.4 cm（0.12寸）
1 cm（0.3寸）
12.2 cm（3.66寸）
22.8 cm（6.85寸）
1.65 cm（0.5寸）
2.5 cm（0.75寸）
21.7 cm（6.52寸）
32.5 cm（9.76寸）
61 cm（18.32寸）

步骤2

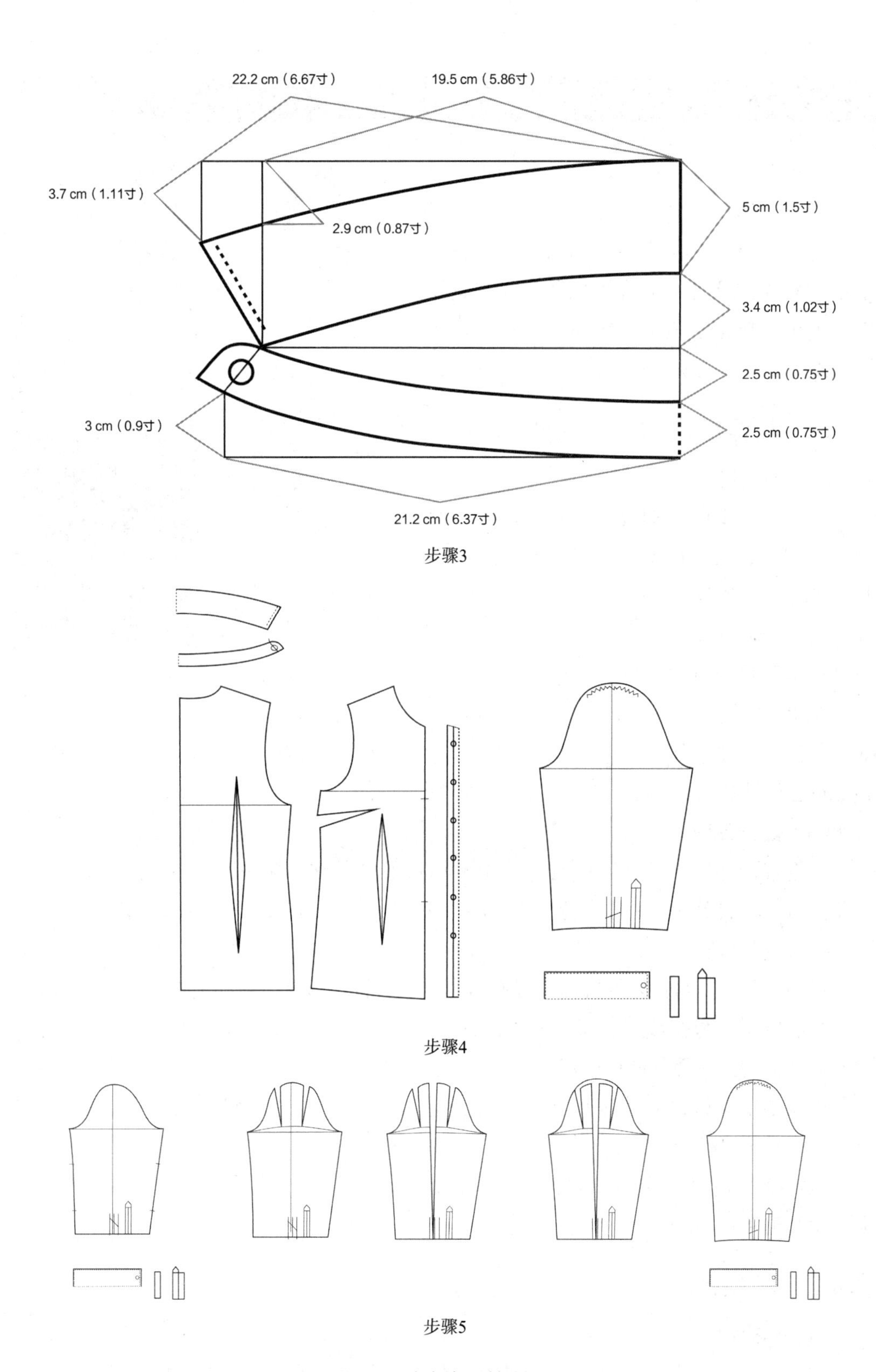

图 3-6　泡泡袖女衬衫样板

3.4 女式立领衬衫的裁剪步骤与技巧

女式立领衬衫是一种具有特定领形设计的衬衫，其领子部分呈直立状，没有翻领部分，这种设计使得衬衫在视觉上更加简洁、干练。女式立领衬衫适合搭配各种风格的服装，无论是单穿还是作为内搭都能展现出不同的魅力。女式立领衬衫样式见图3-7。

图 3-7 女式立领衬衫

3.4.1 裁剪步骤

（1）测量尺寸

测量穿着者的关键尺寸，包括胸围、腰围、臀围、背长、肩宽、袖长及领围等，这些尺寸将作为裁剪的依据。

（2）绘制裁剪图

根据测量得到的尺寸，绘制出女士立领衬衫的裁剪图。裁剪图应包括前身、后身、袖子、领子等各个部位的详细形状和尺寸。特别注意立领的设计，确保领高、领宽和领形符合设计要求。

（3）裁剪布料

将选好的布料平铺在工作台上，确保布料平整无皱。使用锋利的剪刀或裁剪刀，按照裁剪图上的形状和尺寸进行裁剪。注意保持裁剪线条的直线性和对称性。

（4）衣服缝制

缝制前后身：将裁剪好的前后身布料片进行缝合，形成衬衫的主体部分。

缝制领子：根据裁剪图剪出领子的形状，并将领子翻过来进行缝合。将缝合好的领子与衬衫的主体部分进行连接。

缝制袖子：将裁剪好的袖子布料片进行缝合，形成完整的袖子。然后将袖子与衬衫的袖窿部位进行缝合。

整体缝制：将衬衫的各个部件（如前后身、领子、袖子等）逐步缝制在一起，形成一个完整的衬衫。

3.4.2 裁剪技巧

（1）选择面料

根据季节和个人喜好选择适合的面料，如棉、麻、丝绸或混纺面料。确保面料质地适合制作立领衬衫，并考虑其透气性和舒适度。

（2）保持裁剪线条的直线性和对称性

在裁剪布料时，要注意保持裁剪线条的直线性和对称性。这有助于确保裁剪出的布料片符合设计要求，并提高衬衫的整体美观度。

（3）选择合适的缝制方法和线迹类型

根据面料的特性和设计要求选择合适的缝制方法和线迹类型。例如，对于较厚的面料，可以采用平缝或包缝的缝制方法；对于需要强调线条美感的部位，可以采用明线缝制等方法。

3.4.3 裁剪范例

成品规格见表3-7。

表 3-7　成品规格

部　　位	衣长（L）	胸围（B）	肩宽（S）	领围（N）	袖长（SL）	袖口（CW）
尺寸（寸）	21.62	30.5	13.3	13	17.6	6
尺寸（cm）	72	100.5	44	43	58	20

主要部位尺寸见表3-8。

表 3-8　主要部位尺寸

序　　号	部　　位	尺　　寸（寸）	尺　　寸（cm）
①	衣长	21.62	72
②	前领口深	2.28	7.6
③	前落肩	1.89	6.3
④	前袖窿深线	5.8	19
⑤	叠门线	0.6	2
⑥	前领口宽	2.49	8.3
⑦	前肩宽	6	20
⑧	前冲肩	0.8	2.5
⑨	前胸围	7.36	24.5
⑩	后衣长	22.4	74
⑪	后领口深	0.6	2
⑫	后落肩	0.9	3
⑬	后袖窿深	7	23
⑭	后领口宽	2.55	8.5
⑮	后肩宽	6.61	22
⑯	后胸围	7.75	25.8
⑰	袖长	16.22	54
⑱	袖山高	3.9	12.8
⑲	袖口	6.61	22

女式立领衬衫样板详见图3-8。

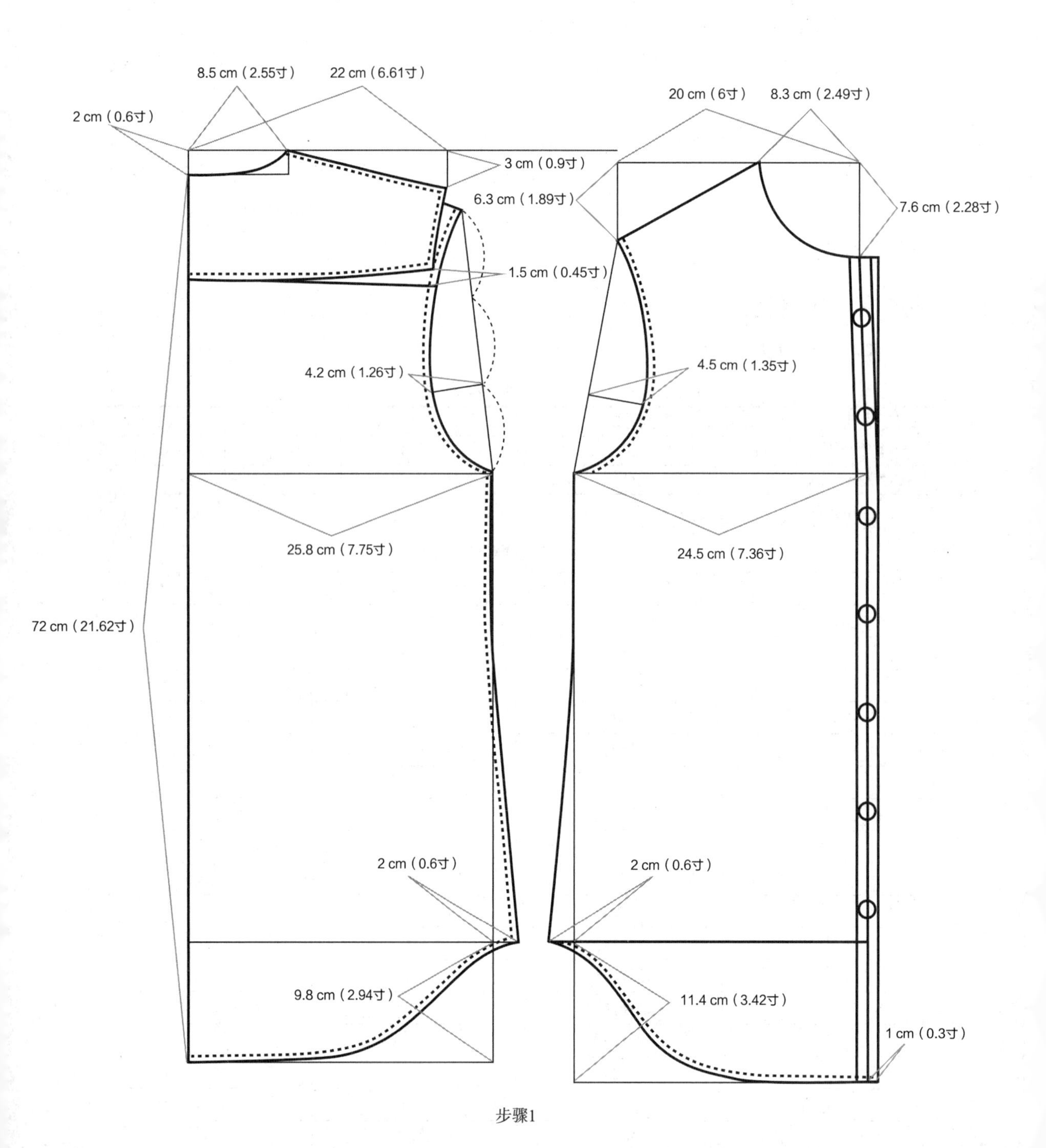

步骤1

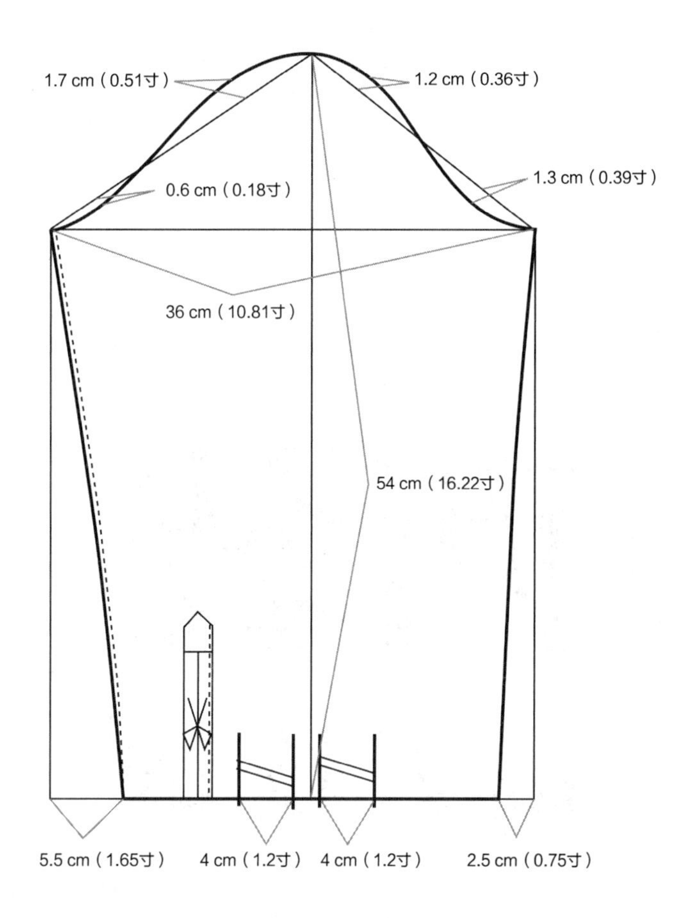

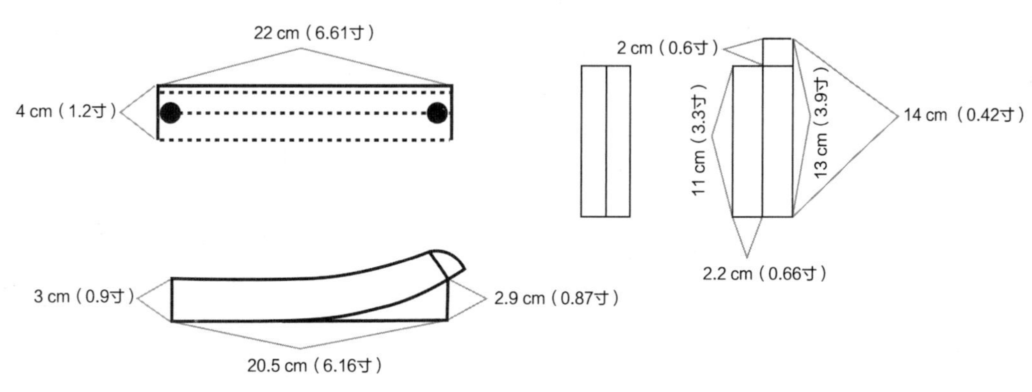

步骤2

图 3-8　女式立领衬衫样板

第4章 西装裁剪技法

4.1　男马甲背心的裁剪步骤与技巧

男马甲背心是一种无领、无袖且较短的上衣，具有多种材质和面料选择，以及多种穿着方式和功能特点。它既可以作为内搭衣物，也可以作为外套的一部分，是男士衣橱中不可或缺的服饰之一。男马甲背心的样式见图4-1。

图4-1　男马甲背心

4.1.1　裁剪步骤

（1）量身定制

根据个人尺寸量身定制马甲背心的图案和尺寸，主要测量身体各部位，包括胸围、腰围、臀围、肩宽和背长等。

（2）裁剪面料

将马甲背心面料展平，根据图案裁剪出前后片、侧片、口袋等部分。

（3）裁剪衬布

将衬布按照相同的图案裁剪成对应的形状。

（4）缝合

将面料和衬布缝在一起，加固衣领和口袋等部位。此外，还需进行细节处理，缝制扣子、拉链等固定材料。

4.1.2 裁剪技巧

（1）注重面料纹理方向

在裁剪时，要注重面料纹理的方向，保证马甲背心的整齐和美观。

（2）细心缝合

口袋、衣领等部位要细心地缝合，使之整齐、美观且实用。

（3）注意版型

根据男士的体型和穿着习惯，注意马甲背心的版型设计，确保穿着舒适且合身。

4.1.3 裁剪范例

成品规格见表4-1。

表 4-1 成品规格

部　位	后中长（L）	胸围（B）	肩宽（S）
尺　寸（寸）	15.5	29.5	11.5
尺　寸（cm）	51	97.5	38

主要部位尺寸见表4-2。

表 4-2 主要部位尺寸

序　号	部　位	尺　寸（寸）	尺　寸（cm）
①	前衣长	18.6	62
②	前落肩	1.5	5
③	前袖窿深	6.7	22
④	前领口深	7.35	24.5
⑤	腰节线	13.3	44
⑥	叠门线	0.5	1.5
⑦	前领口宽	2.4	8
⑧	前肩宽	6.9	23
⑨	前冲肩	0.7	2.2
⑩	前胸围	7.05	23.5
⑪	后衣长	16	52.8
⑫	后落肩	0.9	2.9
⑬	后领口深	0.6	2
⑭	后袖窿深	8.4	27.7
⑮	后领口宽	2.5	8.3
⑯	后肩宽	5.7	19
⑰	后冲肩	0.6	1.9
⑱	后胸围	7.95	26.5

男马甲背心样板详见图4-2。

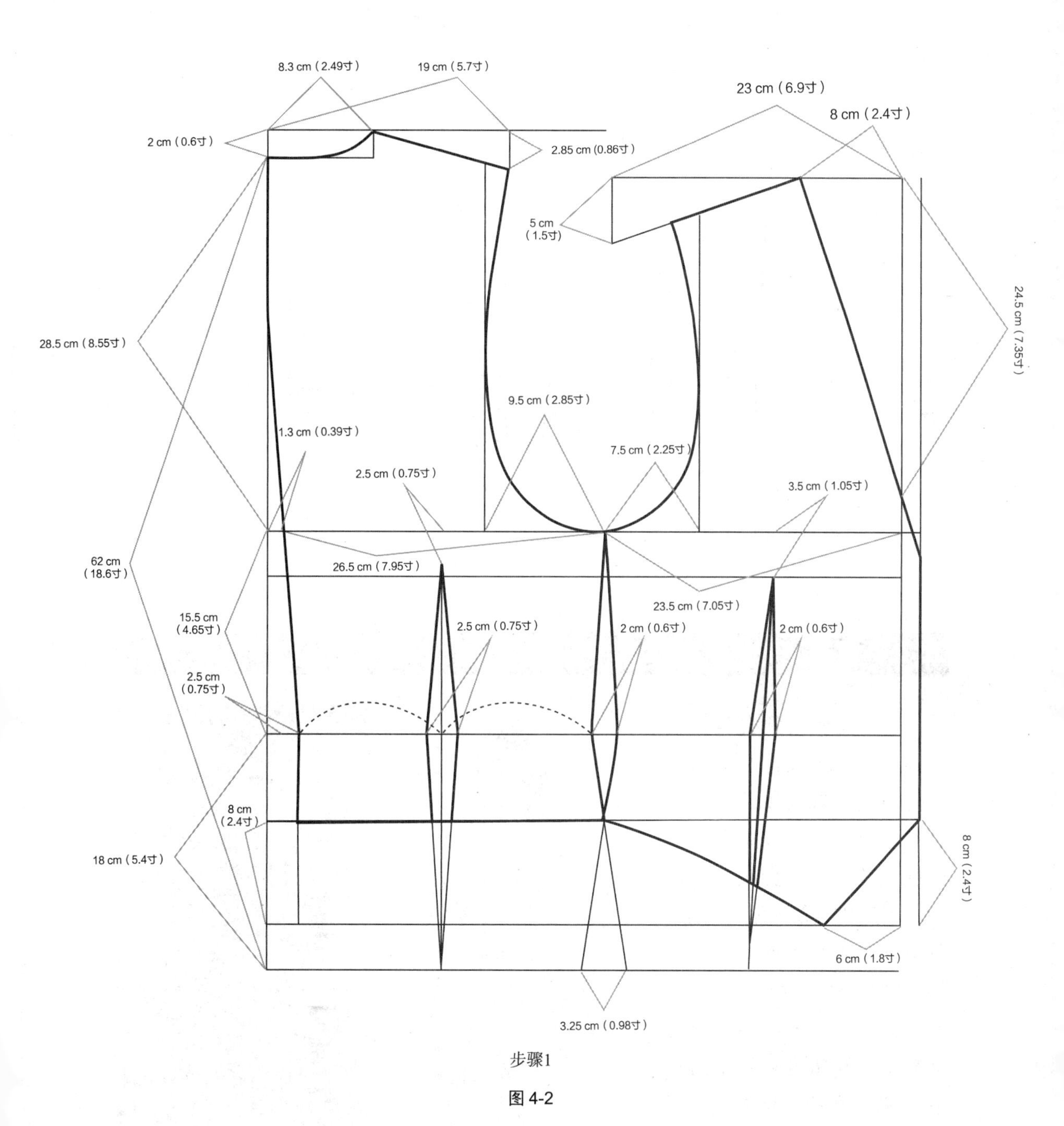

步骤1

图 4-2

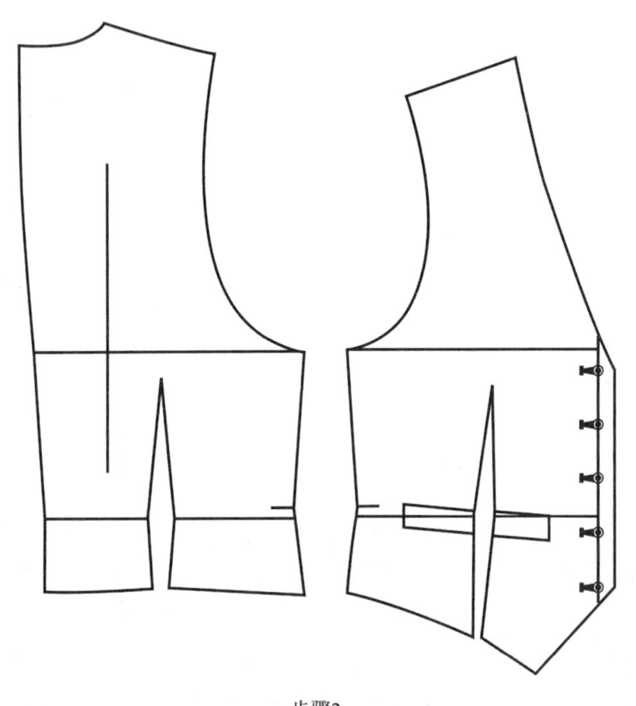

步骤2

图 4-2　男马甲背心样板

4.2 二粒扣戗驳领女西装的裁剪步骤与技巧

二粒扣戗驳领女西装是一种具有特定设计和裁剪的女士西装。戗驳领的显著特点在于衣领与前襟翻领交接处的设计，前襟翻领的尖角如同利剑般直指西服的肩部，赋予穿着者独特的威严和气势。同时搭配二粒扣的设计，使得西装上衣的版型裁剪更为精细，注重身材线条的塑造，使穿着者看起来更加挺拔有型。二粒扣戗驳领女西装的样式见图4-3。

图 4-3　二粒扣戗驳领女西装

4.2.1　裁剪步骤

（1）尺寸测量

精确测量穿着者的胸围、腰围、肩宽、袖长、衣长等关键尺寸。

（2）绘制基础样板

根据测量尺寸，绘制出西装的基础样板，包括前片、后片、袖子等部分。

（3）领子与驳头设计

首先，确定戗驳领的宽度和形状，以及二粒扣的设计位置。随后在基础样板上，按照设计要求画出领子与驳头的形状。具体步骤一般包括：确定门襟宽度和西装领的深度；延长肩线，并在延长线上量出一定的尺寸；画出领子的翻折线，并以翻折线为中线，复制出对称的领子和驳头；最后，按照样板裁剪出领子与驳头的面料，注意预留缝份并保持面料的经纬向正确。

（4）衣身裁剪

根据基础样板裁剪出前、后衣片，然后在衣片上标记出分割缝（如侧缝、肩缝）的位置，以及需要对位的点（如领口、袖窿）。

（5）衣服缝制

先缝合衣片的分割缝，如侧缝和肩缝，确保缝线的平直和牢固。再将翻领面与领座进行拼接，在领面与领座拼接完成后，装上邻里。最后，将领子缝合到衣身上，注意领子与衣身的对位要准确，缝线要平整。

4.2.2　裁剪技巧

（1）注意领子与驳头设计

领子和驳头作为上衣前片的一部分，根据款式需要设计其形状和大小。注意驳头与翻领部分的拼接要美观。

（2）注意挂面设计

挂面是西装前片的重要组成部分，它向外翻折形成驳头。将挂面与领子缝合，并与衣服的衬里缝合。在裁剪时，要注意挂面外翻部分的缝线整齐，所有翻折部位表面必须非常平整服帖。

（3）注意缝制处理

为了增加领子的牢度和挺括度，在领面上加黏合衬。在裁剪黏合衬时，要比截面稍小一些，至缝线的位置即可。

4.2.3 裁剪范例

成品规格见表4-3。

表 4-3 成品规格

部　位	衣长（L）	胸围（B）	肩宽（S）	袖长（SL）	袖口（CW）
尺寸（寸）	23.3	29.3	12.3	18.8	3.9
尺寸（cm）	77	96.6	40.5	62	13

主要部位尺寸见表4-4。

表 4-4 主要部位尺寸

序　号	部　位	尺　寸（寸）	尺　寸（cm）
①	前衣长	23.3	77
②	前落肩线	1.35	4.5
③	前领深线	2.73	9.1
④	前袖窿深	5.5	18.28
⑤	前腰节线	12.7	42
⑥	叠门线	0.8	2.5
⑦	前领宽线	2.55	8.5
⑧	胸宽线	5.04	16.8
⑨	肩宽线	6.06	20.2
⑩	前胸围线	7.5	24.8
⑪	后衣长	22.2	74
⑫	后落肩线	1.3	4.3
⑬	后袖窿深线	6	20
⑭	后腰节线	11.9	39.25
⑮	后领宽线	2.55	8.5
⑯	后背宽线	5.7	18.8
⑰	后肩宽线	6.1	20.2
⑱	后胸围线	7.08	23.6

二粒扣戗驳领女西装样板详见图4-4。

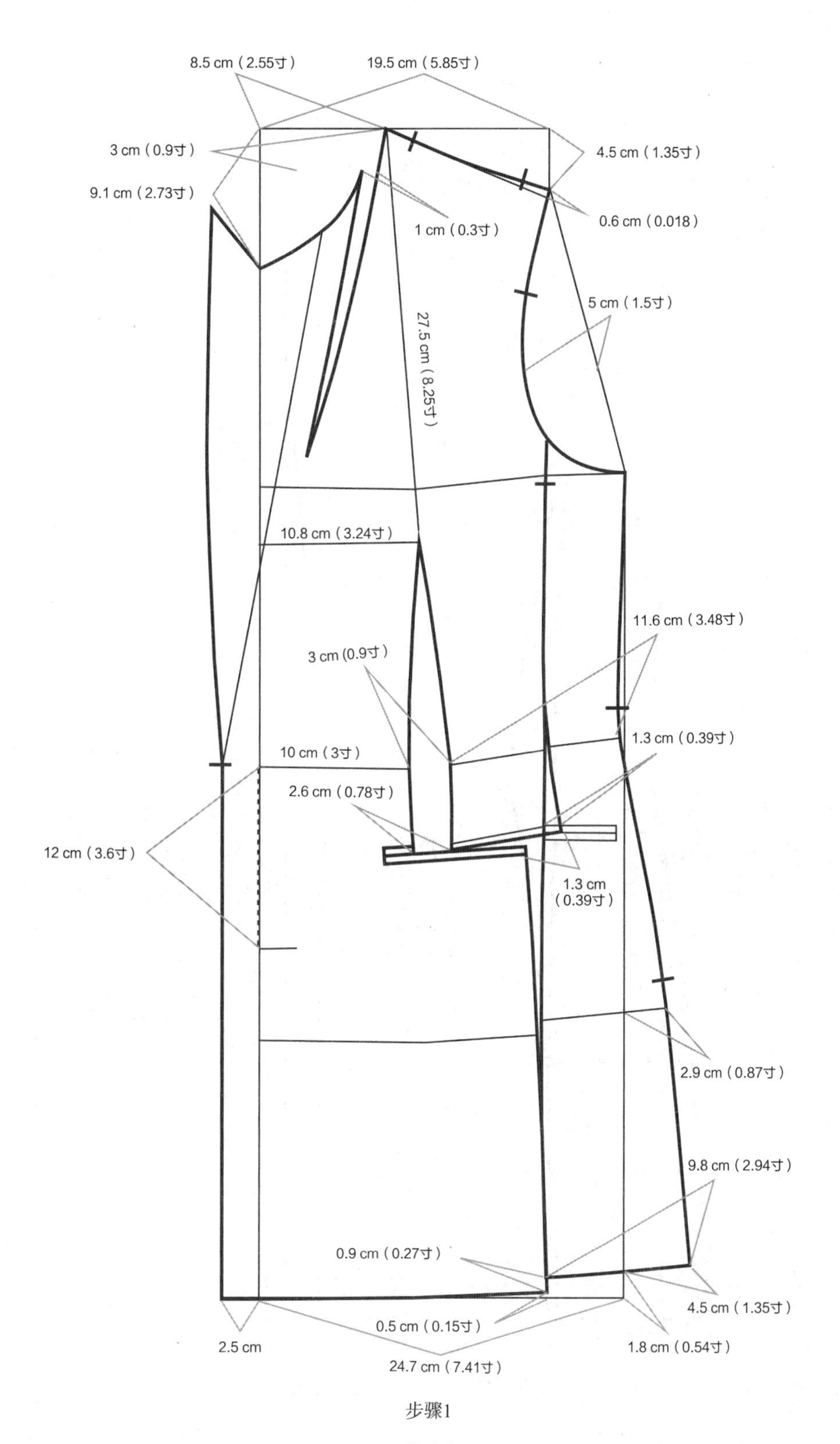
8.5 cm（2.55寸）
19.5 cm（5.85寸）
3 cm（0.9寸）
4.5 cm（1.35寸）
9.1 cm（2.73寸）
0.6 cm（0.018）
1 cm（0.3寸）
5 cm（1.5寸）
27.5 cm（8.25寸）
10.8 cm（3.24寸）
11.6 cm（3.48寸）
3 cm (0.9寸)
1.3 cm（0.39寸）
10 cm（3寸）
2.6 cm（0.78寸）
12 cm（3.6寸）
1.3 cm
（0.39寸）
2.9 cm（0.87寸）
9.8 cm（2.94寸）
0.9 cm（0.27寸）
4.5 cm（1.35寸）
0.5 cm（0.15寸）
2.5 cm
1.8 cm（0.54寸）
24.7 cm（7.41寸）

步骤1

图 4-4

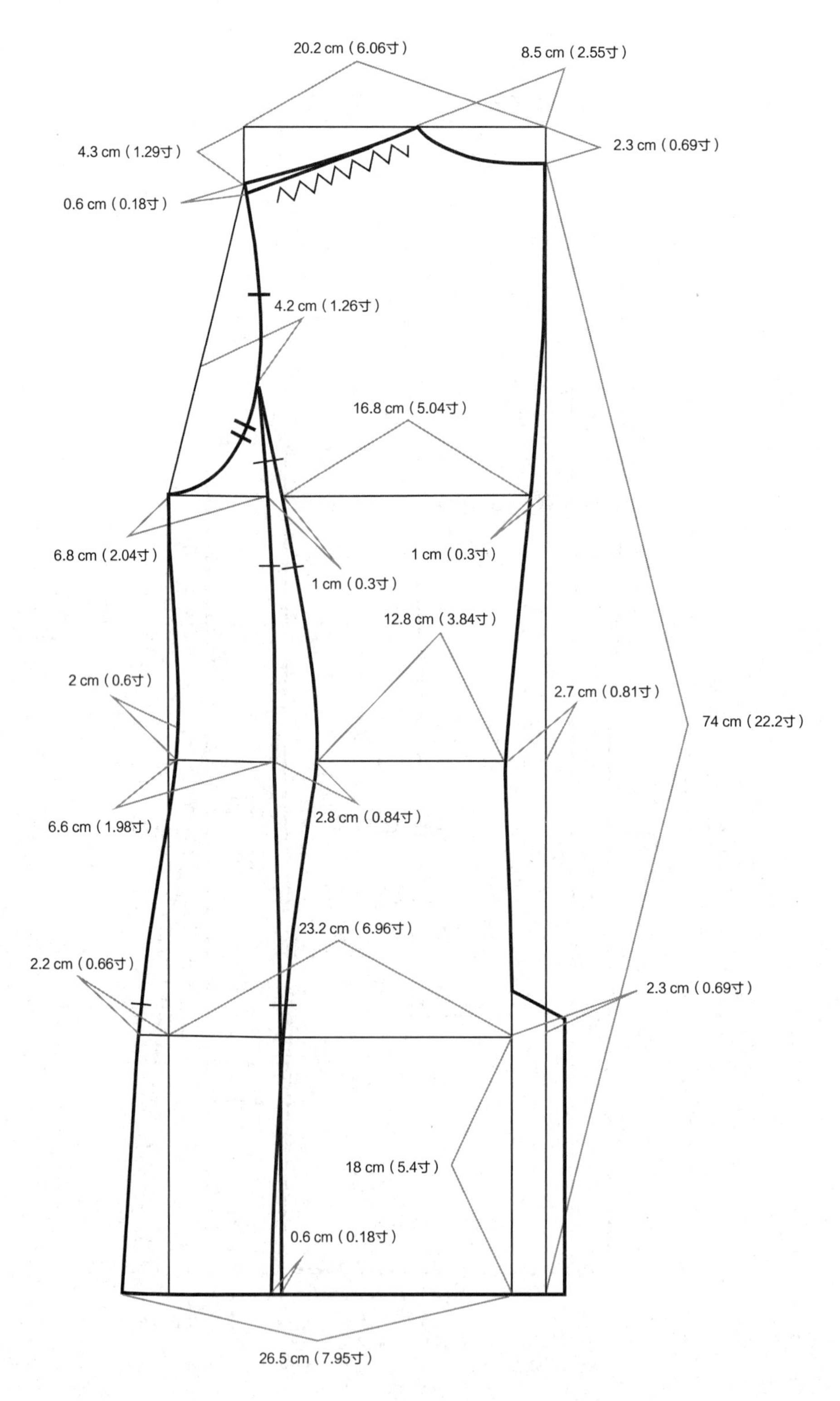
20.2 cm（6.06寸）
8.5 cm（2.55寸）
4.3 cm（1.29寸）
2.3 cm（0.69寸）
0.6 cm（0.18寸）
4.2 cm（1.26寸）
16.8 cm（5.04寸）
6.8 cm（2.04寸）
1 cm（0.3寸）
1 cm（0.3寸）
12.8 cm（3.84寸）
2 cm（0.6寸）
2.7 cm（0.81寸）
74 cm（22.2寸）
6.6 cm（1.98寸）
2.8 cm（0.84寸）
23.2 cm（6.96寸）
2.2 cm（0.66寸）
2.3 cm（0.69寸）
18 cm（5.4寸）
0.6 cm（0.18寸）
26.5 cm（7.95寸）

步骤2

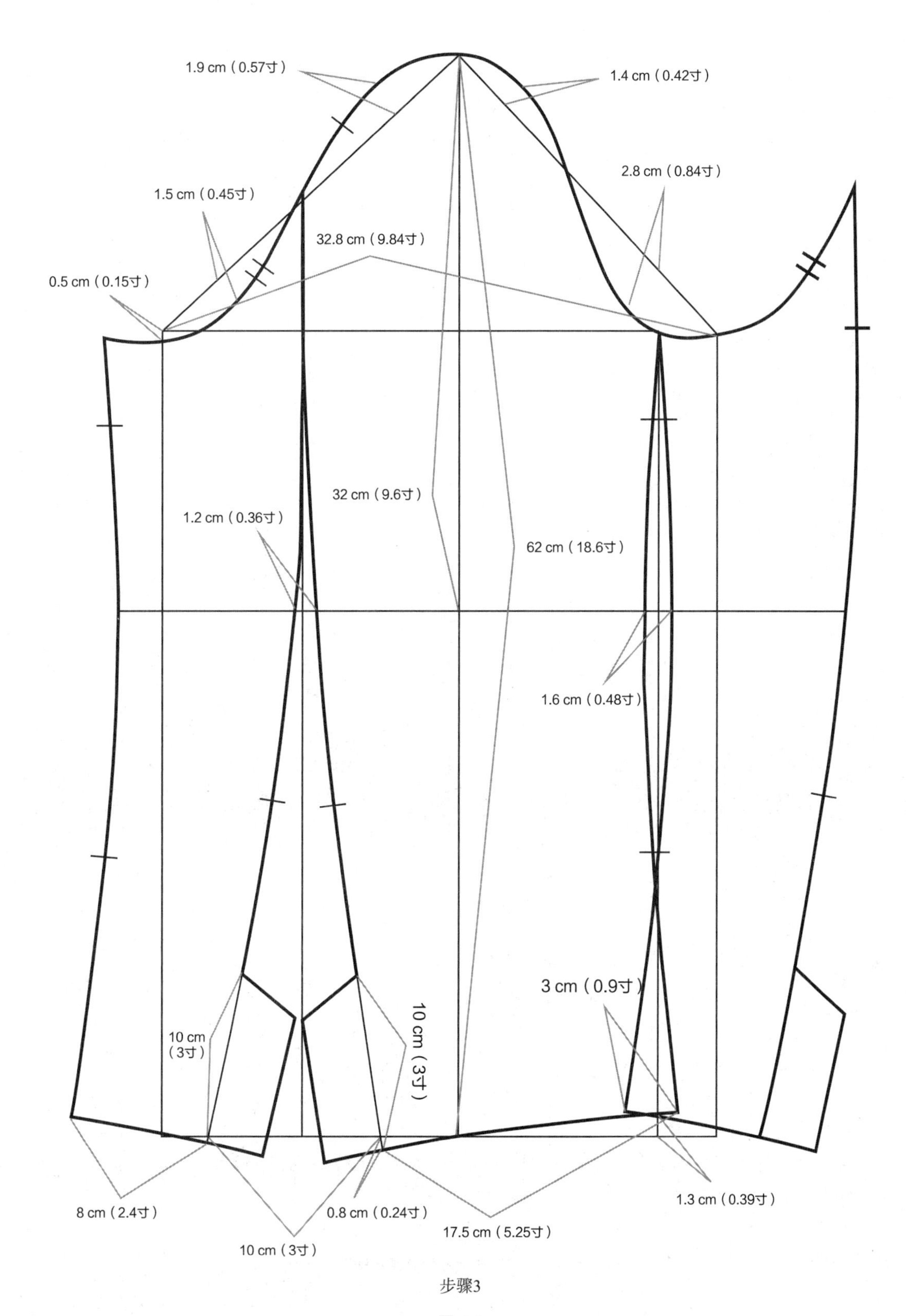

1.9 cm（0.57寸）
1.4 cm（0.42寸）
2.8 cm（0.84寸）
1.5 cm（0.45寸）
32.8 cm（9.84寸）
0.5 cm（0.15寸）
32 cm（9.6寸）
1.2 cm（0.36寸）
62 cm（18.6寸）
1.6 cm（0.48寸）
3 cm（0.9寸）
10 cm（3寸）
10 cm（3寸）
8 cm（2.4寸）
0.8 cm（0.24寸）
1.3 cm（0.39寸）
17.5 cm（5.25寸）
10 cm（3寸）

步骤3

图 4-4

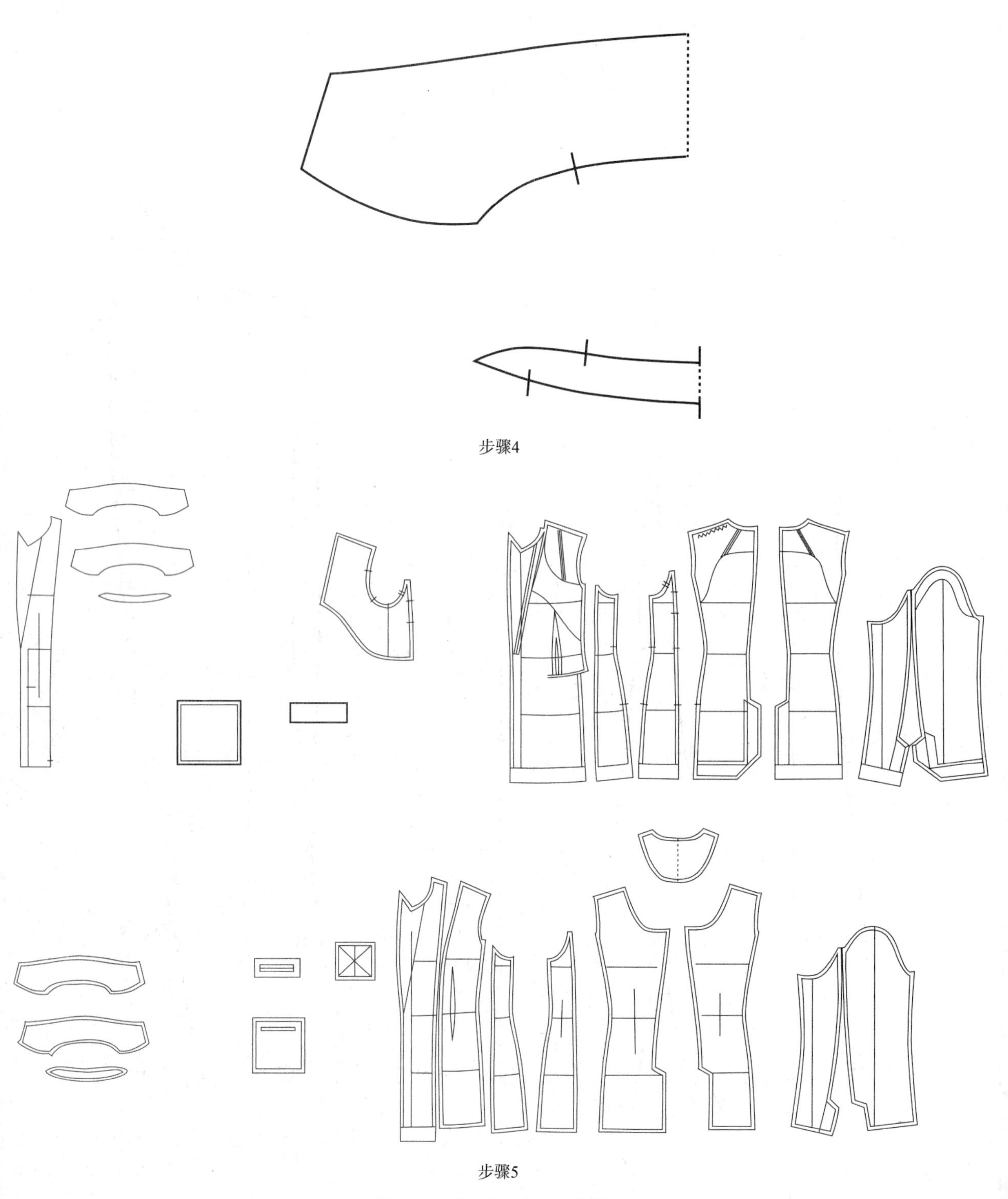

步骤4

步骤5

图 4-4　二粒扣戗驳领女西装样板

4.3　双排扣男西装的裁剪步骤与技巧

双排扣男西装，顾名思义，是指在前襟处装有两排纵向排列的纽扣的西装外套。这种西装以其独特的纽扣布局和经典的裁剪设计，展现出一种正式、优雅且知性的风格。双排扣男西装样式见图4-5。

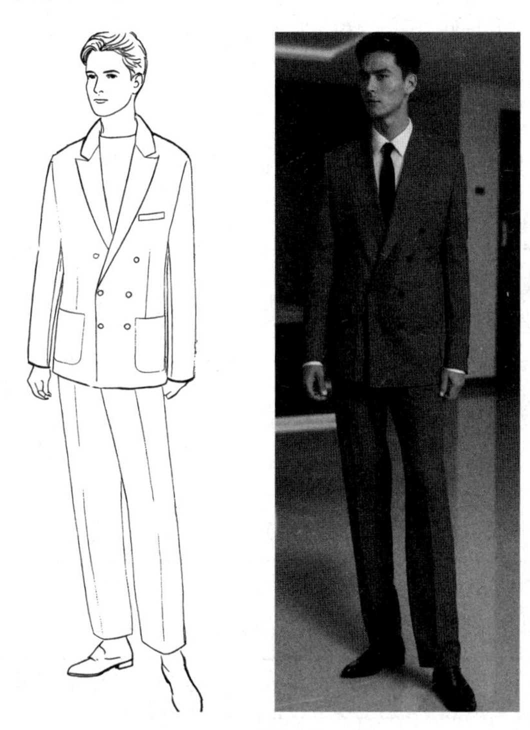

图 4-5　双排扣男西装

4.3.1　裁剪步骤

（1）基础测量

主要测量胸围（B）、肩宽（S）、领围（N）、衣长（L）、袖长（SL）等的尺寸。

（2）裁剪

根据设计图纸和规格表，在面料上画出裁剪线。使用剪刀或电刀沿裁剪线裁剪出衣片。注意保持裁剪线的准确和流畅。

（3）标记与修正

对裁剪好的衣片进行标记，如绱领点、装袖点、腰部对位点、袋位、省份及褶边等，并根据需要进行修正，确保裁片符合设计要求。

（4）缝合与组装

按照设计要求缝合衣片的各个部分，如侧缝、袖底缝等。组装领子、袖子等部件，注意对位准确和缝制平整。

4.3.2 裁剪技巧

（1）细节处理

注意处理门襟、驳头、口袋等部位的细节，确保裁剪出的部件符合设计要求。在缝制过程中要注意线迹的均匀和美观，避免出现脱线或断线等情况。

（2）面料选择与处理

选择适合的面料如羊毛、羊绒等，并根据面料特性进行预处理，如缩水处理等。在裁剪和缝制过程中，要注意面料的方向性和伸缩性，避免出现扭曲或变形等情况。

4.3.3 裁剪范例

成品规格见表4-5。

表 4-5 成品规格

部　位	衣长（L）	腰围（W）	胸围（B）	肩宽（S）	袖长（SL）	袖口（CW）
尺寸（寸）	21.7	29.4	33.5	14.1	18.6	4.4
尺寸（cm）	72.25	97	110.5	46.5	61.5	14.5

主要部位尺寸见表4-6。

表 4-6 主要部位尺寸

序　号	部　位	尺　寸（寸）	尺　寸（cm）
①	前肩高	1.56	5.2
②	袖窿深	6.7	22
③	前胸围	6.8	22.66
④	领口深	2.9	9.5
⑤	领口宽	3.3	11
⑥	前腰节	12.8	42.3
⑦	后胸围	6.2	20.3
⑧	后肩高	1.74	5.8
⑨	后领口宽	2.8	9.4
⑩	后肩宽	7	23.25

双排扣男西装样板详见图4-6。

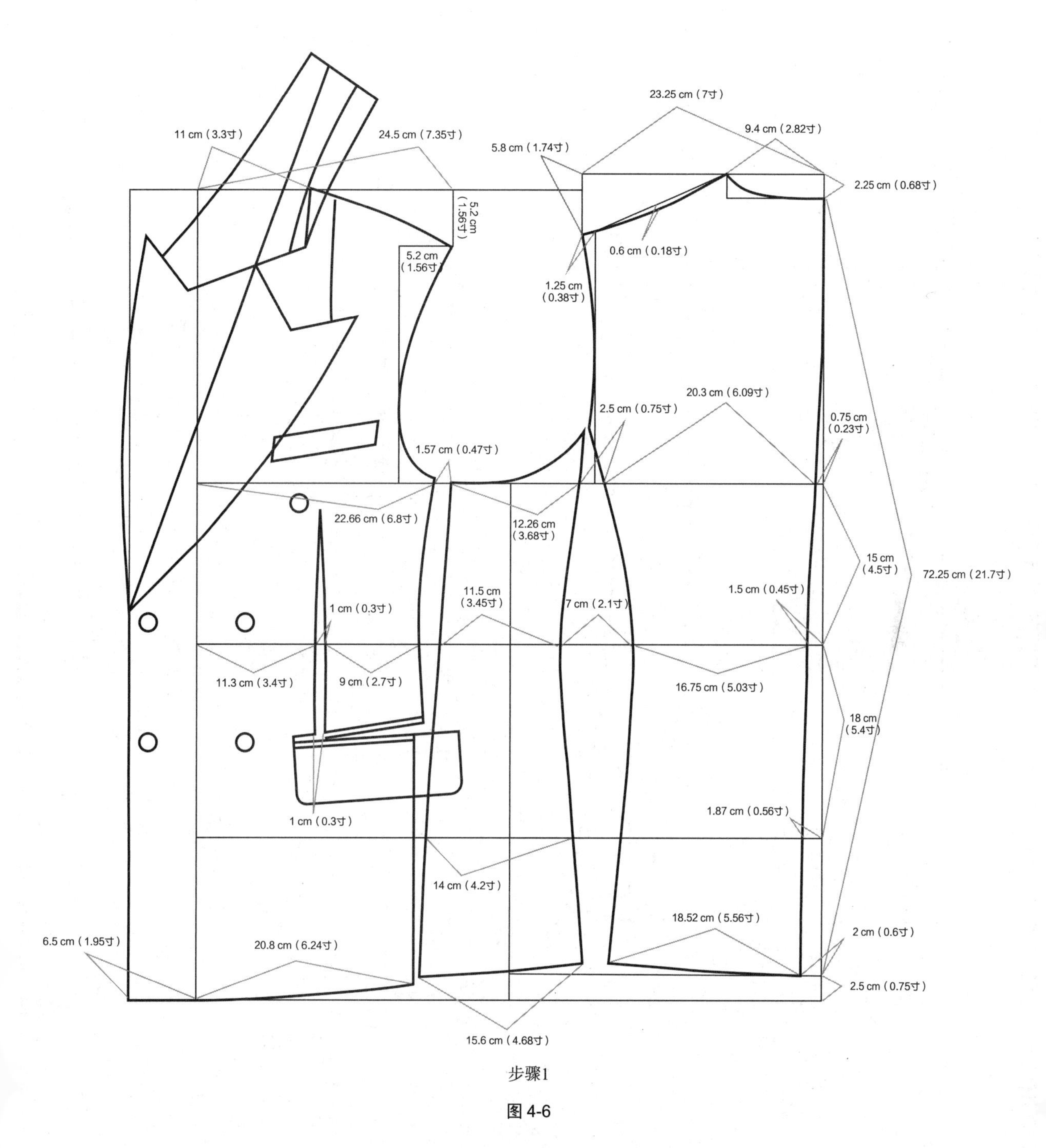

步骤1

图 4-6

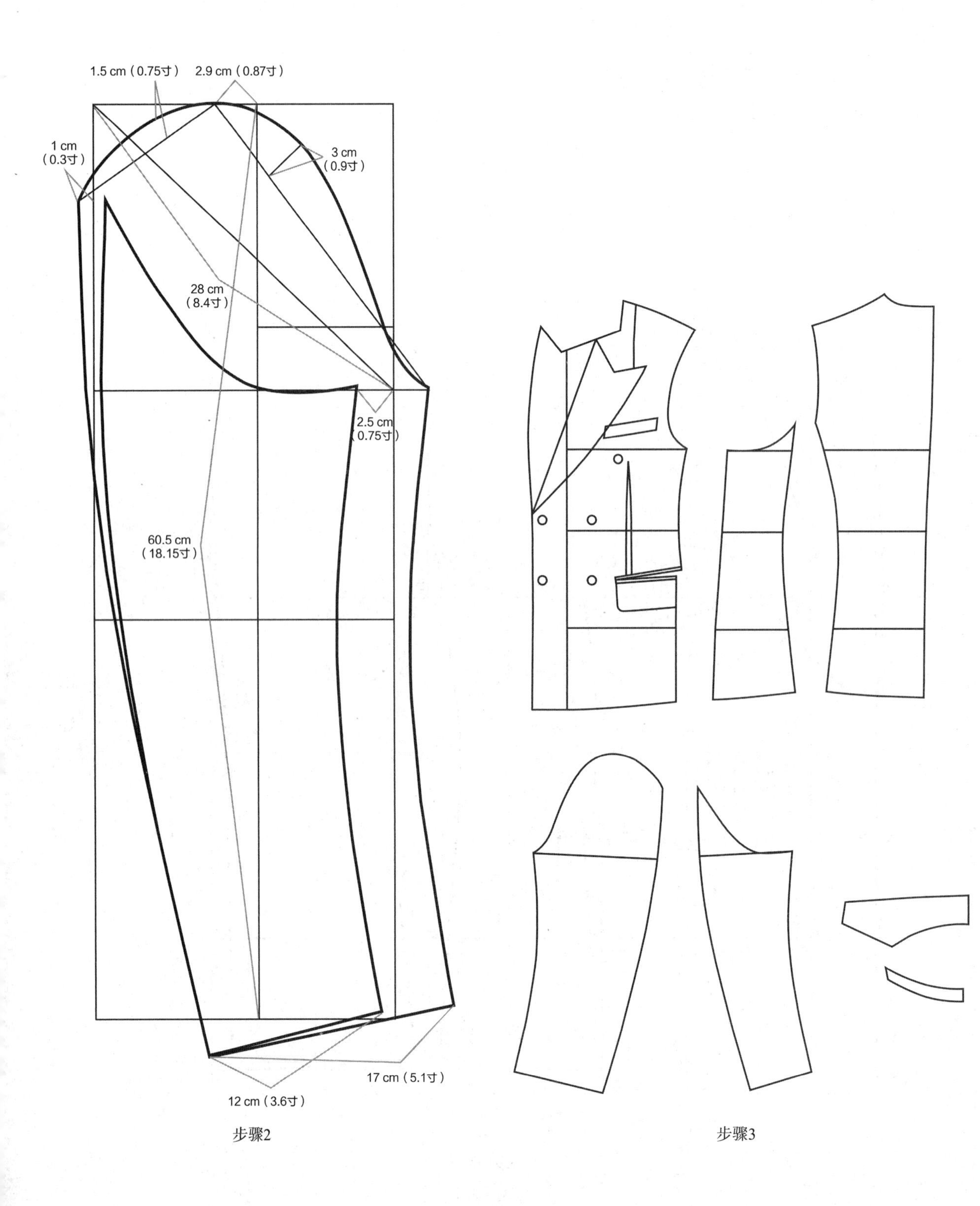

图 4-6　双排扣男西装样板

第5章 休闲装裁剪技法

5.1 男式棒球领夹克的裁剪步骤与技巧

男式棒球领夹克，是指专为男性设计的、长度通常介于腰部和臀部（或略短），采用较为硬挺的面料制作，具有多个口袋和可调节的袖口、下摆等细节设计的外套。男式棒球领夹克样式见图5-1。

图 5-1 男式棒球领夹克

5.1.1 裁剪步骤

（1）确定规格设计

根据穿着者的身材尺寸，确定衣长、胸围、肩宽、领围等关键数据。考虑胸围的放松量，通常在7.5寸（25cm）左右，以确保穿着的舒适度和活动自如。

（2）绘制版图

根据规格设计数据，绘制男式棒球领夹克的制版图。制版图应包括前片、后片、袖子、领子等各个部分的形状和尺寸。

（3）裁剪面料

根据制版图，使用剪刀将面料裁剪成各个部分。注意面料的纹理和质地，确保裁剪出来的面料平整、光滑、无毛边。裁剪时要留出适当的缝份，以便后续的缝制操作。

（4）标记关键位置

在裁剪好的面料上标记出关键位置，如绱领点、袋位、下摆、褶裥位等。

（5）缝制顺序

一般来说，先缝制夹克的前后片，再缝制袖子，最后进行领子、口袋等细节的缝制。

5.1.2　裁剪技巧

（1）注意对称与平衡

裁剪时要注意左右对称，特别是前片、后片和袖子等部分。确保各个部分的形状和尺寸相互协调，达到整体平衡的效果。

（2）处理细节

领子部分要裁剪得平整且符合设计要求；口袋位置要准确，大小适中；袖口部分要预留出足够的缝份，以方便后续缝制。

（3）合理利用面料

在裁剪时，要合理利用面料，避免浪费。同时要根据面料的纹理和特性进行裁剪，使夹克的整体效果更加美观。

5.1.3　裁剪范例

成品规格见表5-1。

表 5-1　成品规格

部　位	衣长（L）	腰围（W）	胸围（B）	肩宽（S）	袖长（SL）	袖口（CW）
尺寸（寸）	20.3	33.9	35.8	15.2	19.4	5
尺寸（cm）	67	112	118	50	64	16.5

主要部位尺寸见表5-2。

表 5-2　主要部位尺寸

序　号	部　位	尺　寸（寸）	尺　寸（cm）
①	前肩高	1.5	5
②	袖窿深	7.4	24.3
③	前胸围	8.85	29.5
④	领口深	2.85	9.5
⑤	领口宽	3.39	11.3
⑥	后胸围	8.85	29.5
⑦	后肩高	1.5	5
⑧	后领口宽	3.39	11.3
⑨	后肩宽	7.5	25

男式棒球领夹克样板详见图5-2。

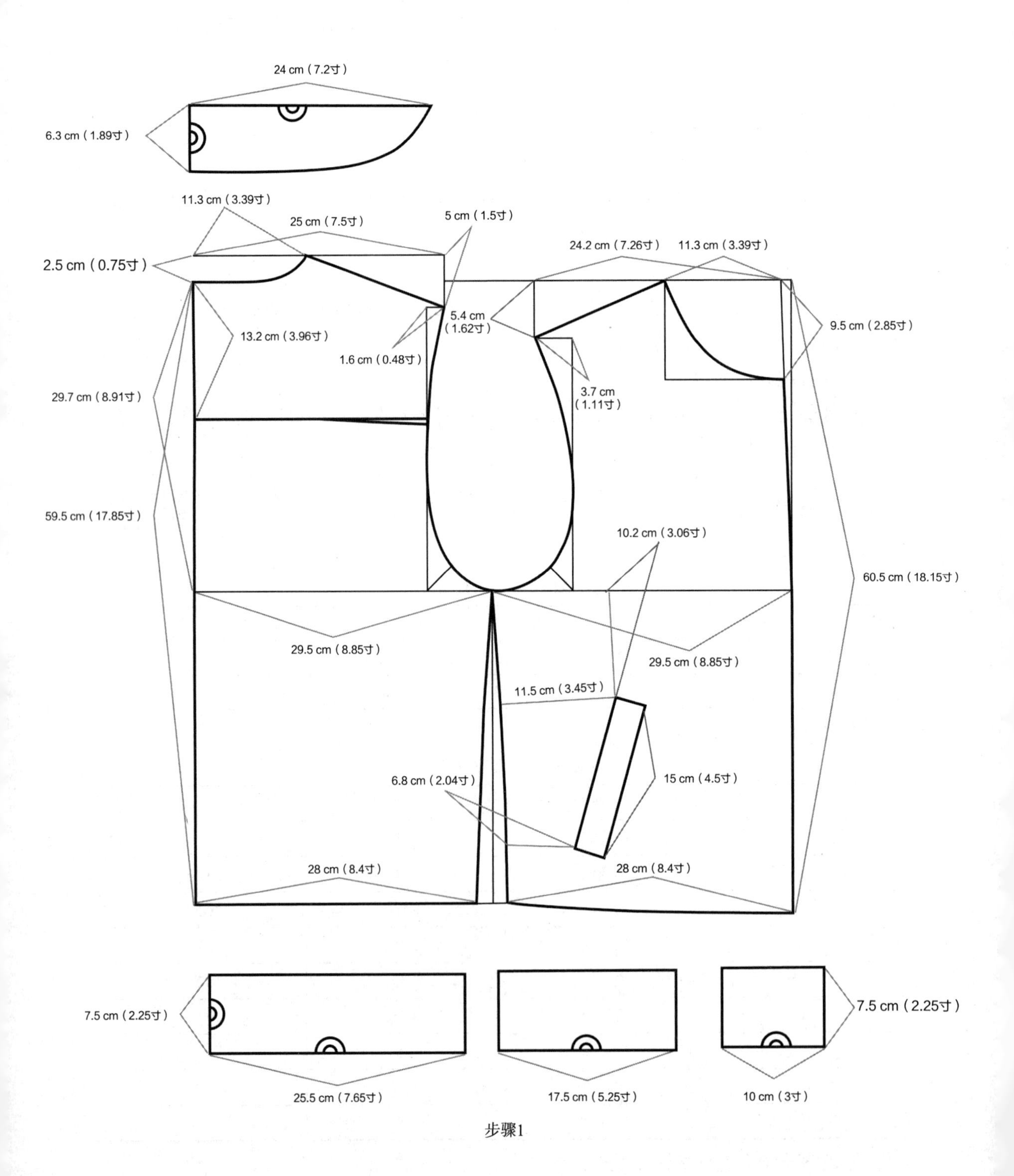
24 cm（7.2寸）
6.3 cm（1.89寸）
11.3 cm（3.39寸）
25 cm（7.5寸）
5 cm（1.5寸）
2.5 cm（0.75寸）
24.2 cm（7.26寸）
11.3 cm（3.39寸）
5.4 cm（1.62寸）
13.2 cm（3.96寸）
1.6 cm（0.48寸）
9.5 cm（2.85寸）
3.7 cm（1.11寸）
29.7 cm（8.91寸）
59.5 cm（17.85寸）
10.2 cm（3.06寸）
60.5 cm（18.15寸）
29.5 cm（8.85寸）
29.5 cm（8.85寸）
11.5 cm（3.45寸）
6.8 cm（2.04寸）
15 cm（4.5寸）
28 cm（8.4寸）
28 cm（8.4寸）
7.5 cm（2.25寸）
7.5 cm（2.25寸）
25.5 cm（7.65寸）
17.5 cm（5.25寸）
10 cm（3寸）

步骤1

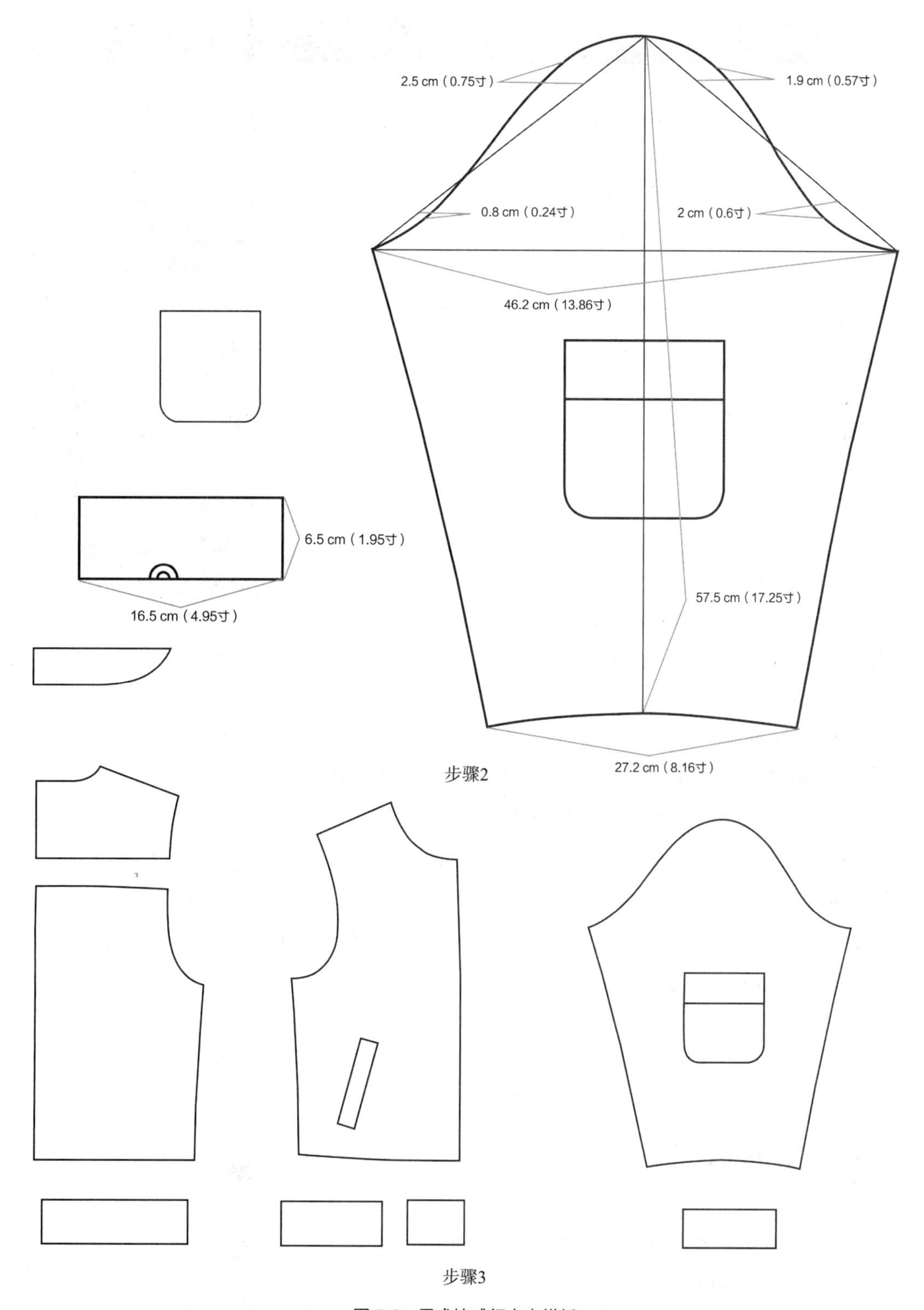

图 5-2　男式棒球领夹克样板

5.2 时尚Polo衫的裁剪步骤与技巧

时尚Polo衫是一种带有独立领子的套衫。套衫本身是一种宽松的上衣，而假领子设计则为其增添了更多的实用性和时尚感。此套衫可以是长袖、短袖或无袖设计，领口和袖口处可以收紧，以适应不同的穿着需求和风格，其样式见图5-3。

图5-3 时尚Polo衫

5.2.1 裁剪步骤

（1）测量尺寸

主要测量胸围、腰围、衣长、颈围等尺寸。

（2）设计图纸

根据测量的尺寸和个人喜好，绘制Polo衫的设计图纸，包括前后片、袖子等部分的尺寸和形状。

（3）裁剪布料

裁剪前后片：根据设计图纸，裁剪出前后各一块布料。

裁剪袖子：根据衣袖结构线裁剪袖子，袖子种类多样（如一片式、两片式等），袖长线尺寸的确定要考虑袖口线的位置和是否需要垫肩。

（4）缝合前后片

取前片布料，将左右两侧反面对贴黏合（或使用缝纫机缝合），然后缝上肩膀线和侧缝线。采用同样的方法处理后片布料。最后将前后片两侧缝线对准缝合，形成衣身。

（5）缝合袖子

将袖子翻出，上下两面对贴黏合（或使用缝纫机缝合），然后翻回原位置。将袖子与衣身对应的袖窿部位缝合。

5.2.2 裁剪技巧

（1）选择合适的布料

根据季节和穿着需求选择合适的布料材质和厚度。

（2）注意缝纫顺序

一般先缝合主要部位（如前后片、袖子），再缝合细节部分（如领口、袖口）。需要注意的是缝制袖口和底边，一般采用折边后缝合的方式。

5.2.3 裁剪范例

成品规格见表5-3。

表 5-3　成品规格

部　位	衣长（L）	胸围（B）	摆围（BT）	领围（N）	袖长（SL）	袖口（CW）
尺寸（寸）	14.75	29.3	32	15.9	6	6
尺寸（cm）	47.5	96.6	105.5	52.5	20	20

主要部位尺寸见表5-4。

表 5-4　主要部位尺寸

序　号	部　位	尺　寸（寸）	尺　寸（cm）
①	前衣长	14.1	47
②	落肩	2.19	7.3
③	前袖窿深	6.4	21.2
④	前领宽	2.88	9.6
⑤	前领深	4.5	15
⑥	前胸围	7.3	24
⑦	前胸宽	72	24
⑧	前下摆	8	26.5
⑨	后衣长	14.91	49.7
⑩	后袖窿深	7	23.25
⑪	袖长	7.8	26
⑫	袖口	6	20
⑬	后领深	0.7	2.2
⑭	后小肩	4.8	16
⑮	后胸围	7.38	24.6
⑯	后下摆	7.35	24.5

时尚Polo衫样板详见图5-4。

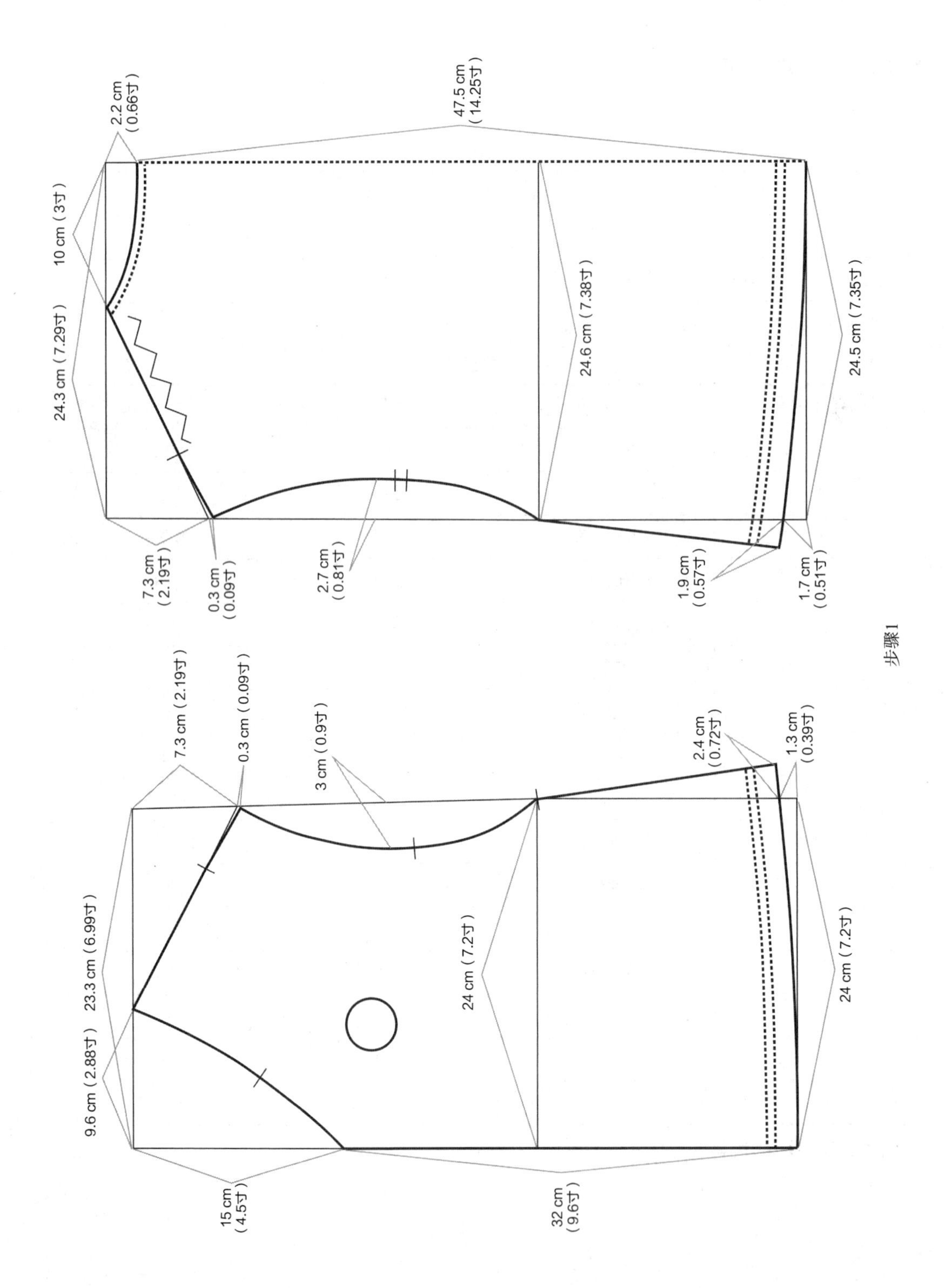
2.2 cm（0.66寸）
47.5 cm（14.25寸）
10 cm（3寸）
24.3 cm（7.29寸）
24.6 cm（7.38寸）
24.5 cm（7.35寸）
7.3 cm（2.19寸）
0.3 cm（0.09寸）
2.7 cm（0.81寸）
1.9 cm（0.57寸）
1.7 cm（0.51寸）
7.3 cm（2.19寸）
0.3 cm（0.09寸）
3 cm（0.9寸）
2.4 cm（0.72寸）
1.3 cm（0.39寸）
23.3 cm（6.99寸）
9.6 cm（2.88寸）
24 cm（7.2寸）
24 cm（7.2寸）
15 cm（4.5寸）
32 cm（9.6寸）

步骤1

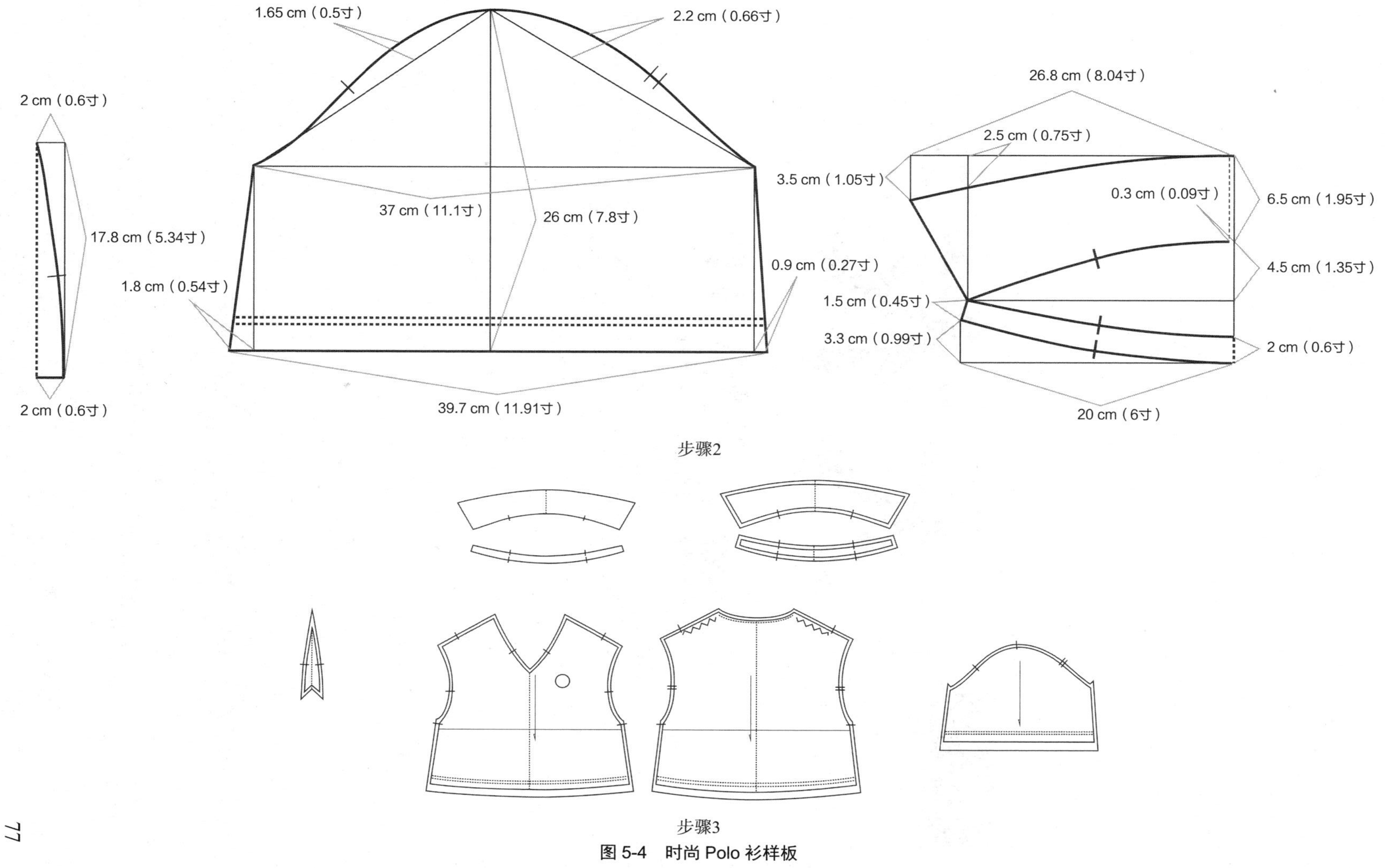

图 5-4　时尚 Polo 衫样板

第6章

大衣裁剪技法

6.1　卡腰女大衣的裁剪步骤与技巧

卡腰女大衣，是指在腰部位置进行特别设计，通过收束或强调腰线来塑造身形比例的大衣款式。这种大衣通过巧妙的裁剪和结构设计，能够凸显穿着者的腰部线条，展现出优雅而修长的身姿。卡腰女大衣的样式见图6-1。

图 6-1　卡腰女大衣

6.1.1　裁剪步骤

（1）测量尺寸

准确测量穿着者的身高、肩宽、胸围、腰围、臀围、袖长等，这些数据将作为裁剪的基础。

（2）绘制纸样或直接在布料上标记

根据测量尺寸和设计要求，绘制出卡腰女大衣的纸样，包括前片、后片、袖子、领子等部分。如果直接在布料上操作，使用尺子和画粉在布料上标出裁剪线，注意留出缝份。

（3）裁剪前片

根据纸样或标记线，裁剪出大衣的前片。注意前片需要呈现出卡腰的设计，即腰部位置较窄，上下部分逐渐放宽。

（4）裁剪后片

裁剪出大衣的后片，后片通常比前片稍长且宽度略大，以适应人体的背部曲线。同样在后片上标出省道或分割线，以确保大衣在穿着时贴合身形。

（5）裁剪袖子

根据袖长和袖形（如直筒袖、喇叭袖等）裁剪出袖子。注意袖子与衣身连接处（如袖窿）的裁剪和标记。

（6）裁剪其他部件

如大衣设计包含领子、口袋、腰带等部件，需根据设计裁剪出相应的部件。

（7）缝合前后片

将前片和后片按照裁剪线对齐，用大头针固定。注意省道或分割线的对齐和固定。沿着缝份缝合前后片的侧缝和肩缝，注意保持线条流畅和对称。

（8）安装袖子

将袖子与大衣衣身的袖窿部位对齐，用大头针固定。沿着缝份缝合袖子与衣身的连接处，注意袖子的弧度要和衣身匹配。

（9）处理省道或分割线

对省道或分割线进行熨烫和固定，以调整大衣的身形。省道可以向内熨烫成褶子或用其他方式隐藏。

（10）安装领子

将领子与大衣的前片或后片缝合，注意领子的形状和位置的准确。

6.1.2 裁剪技巧

（1）选择面料

根据设计需求选择适合的面料，如羊毛、羊绒、呢子等保暖且有一定挺括性的材质。

（2）裁剪精度

省道或分割线的位置要准确标记并固定好，以确保大衣的身形调整效果。

6.1.3 裁剪范例

成品规格见表6-1。

表 6-1　成品规格

部　位	衣长（L）	胸围（B）	肩宽（S）	领围（N）	袖长（SL）	袖口（CW）
尺寸（寸）	36	29	12.1	12.1	17.9	3.9
尺寸（cm）	119	96	40	40	59	13

主要部位尺寸见表6-2。

表 6-2　主要部位尺寸

序　号	部　位	尺　寸（寸）	尺　寸（cm）
①	前衣长	37	122
②	前领口深	4.7	15.5
③	前落肩	1.2	4
④	前袖窿深	5.9	19.5
⑤	腰节线	11.5	38
⑥	底边上翘	0.6	2
⑦	叠门线	0.8	2.5
⑧	前领口宽	2.7	9

续表

序　　号	部　　位	尺　　寸（寸）	尺　　寸（cm）
⑨	前肩宽	6	20
⑩	前冲肩	0.8	2.5
⑪	前胸围	7.65	25.5
⑫	后衣长	31.5	104
⑬	后领口深	0.7	2.3
⑭	后落肩	1.1	3.7
⑮	后袖窿深	6.7	22
⑯	后领口宽	2.6	8.6
⑰	后肩宽	6	20
⑱	后冲肩	0.5	1.7
⑲	后胸围	7.36	24.5
⑳	袖长	17.72	59
㉑	袖山高	5.2	17
㉒	袖口	3.9	13

缝制技巧：注意缝份的处理和熨烫定形，以提高大衣的品质和穿着舒适度。

卡腰女大衣样板详见图6-2。

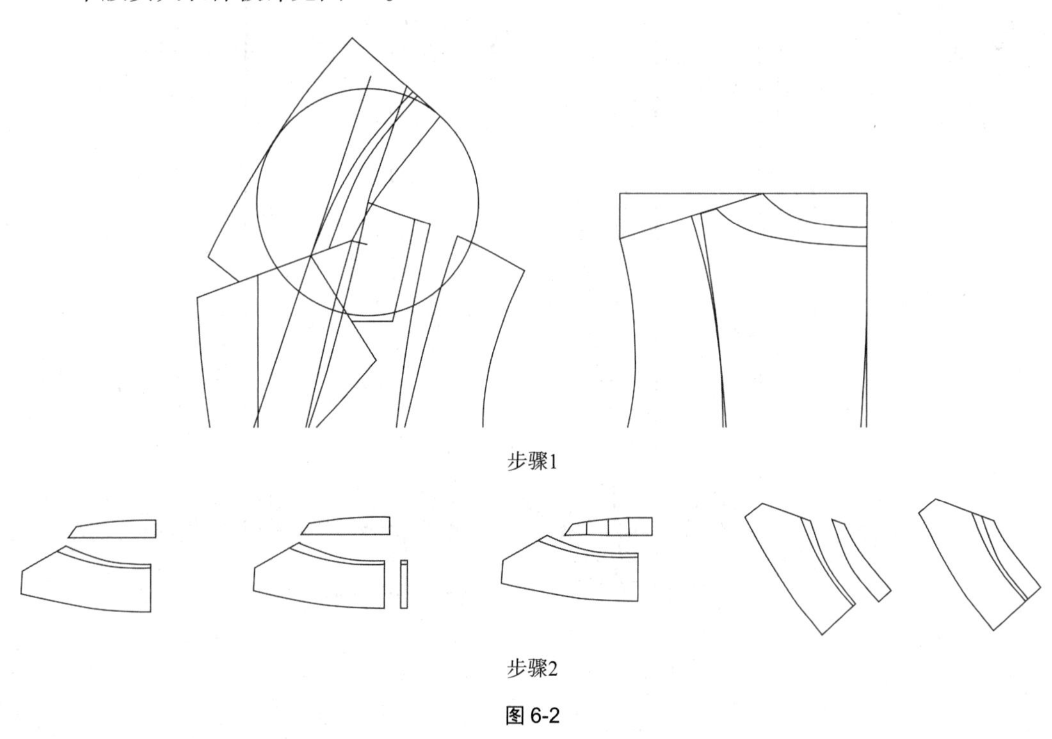

步骤1

步骤2

图 6-2

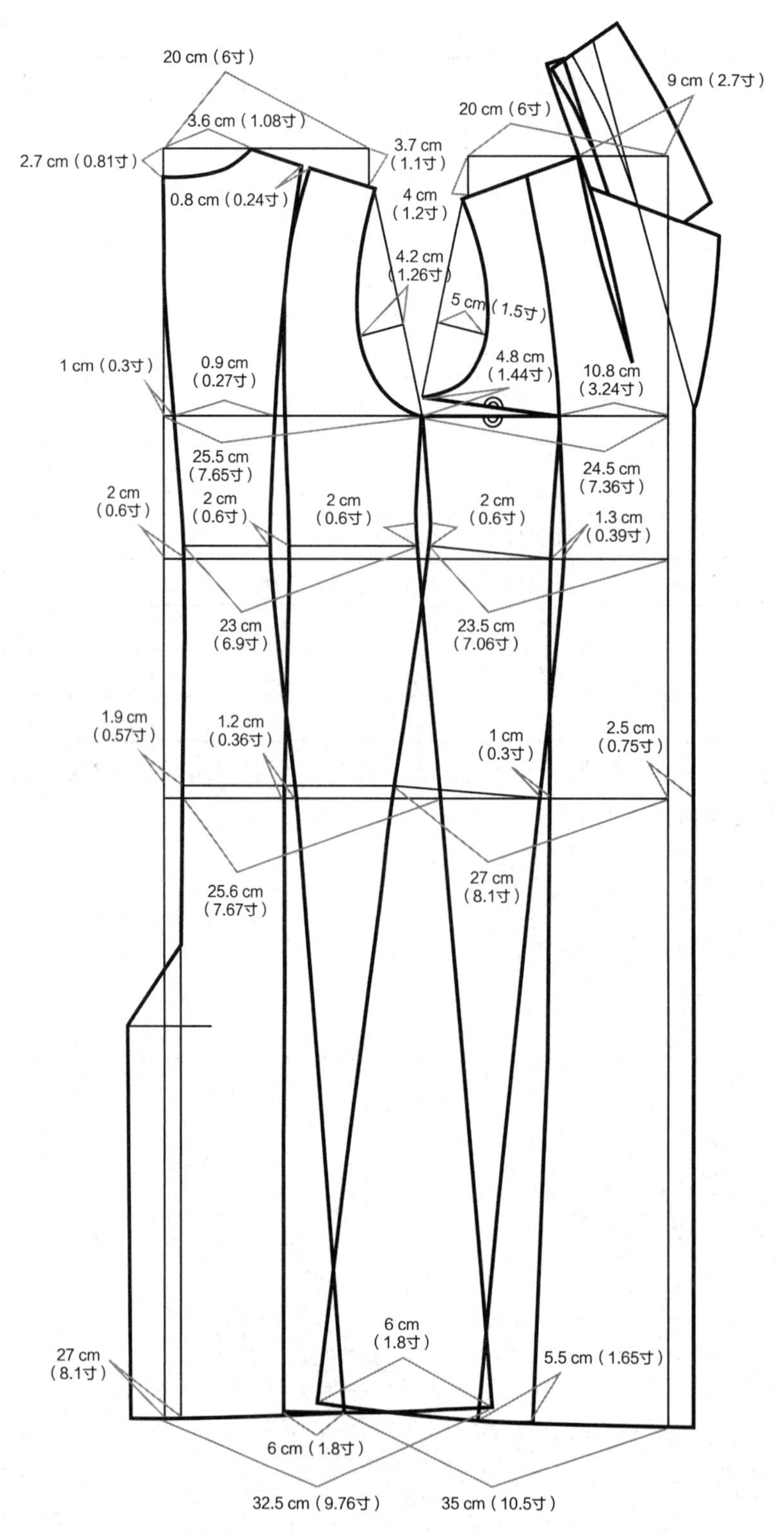
20 cm（6寸）
3.6 cm（1.08寸）
2.7 cm（0.81寸）
0.8 cm（0.24寸）
3.7 cm
（1.1寸）
4 cm
（1.2寸）
20 cm（6寸）
9 cm（2.7寸）
4.2 cm
（1.26寸）
5 cm（1.5寸）
4.8 cm
（1.44寸）
10.8 cm
（3.24寸）
1 cm（0.3寸）
0.9 cm
（0.27寸）
25.5 cm
（7.65寸）
24.5 cm
（7.36寸）
2 cm
（0.6寸）
2 cm
（0.6寸）
2 cm
（0.6寸）
2 cm
（0.6寸）
1.3 cm
（0.39寸）
23 cm
（6.9寸）
23.5 cm
（7.06寸）
1.9 cm
（0.57寸）
1.2 cm
（0.36寸）
1 cm
（0.3寸）
2.5 cm
（0.75寸）
25.6 cm
（7.67寸）
27 cm
（8.1寸）
6 cm
（1.8寸）
27 cm
（8.1寸）
5.5 cm（1.65寸）
6 cm（1.8寸）
32.5 cm（9.76寸）
35 cm（10.5寸）

步骤3

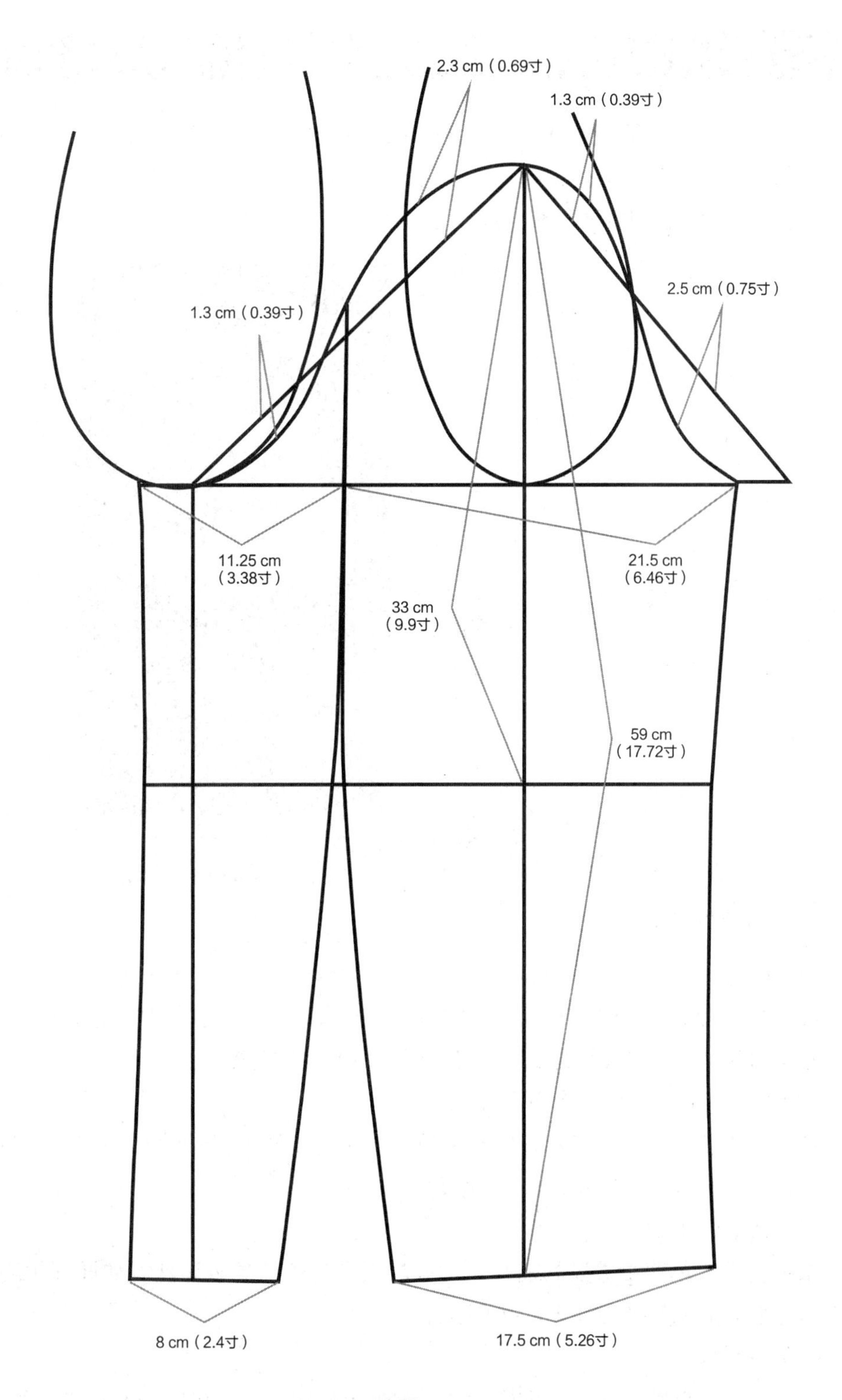

步骤4

图 6-2　卡腰女大衣样板

6.2 女式披风的裁剪步骤与技巧

女式披风是一种具有独特形制和穿着方式的女性外衣。它以无袖设计、开襟或非开襟的款式、多样的领形和长度、灵活的穿着方式，以及丰富的历史和文化背景而备受女性青睐。女式披风样式见图6-3。

图 6-3 女式披风

6.2.1 裁剪步骤

（1）测量尺寸

确定穿着者各部位的基本尺寸，如肩宽、胸围、背长、衣长等。这些尺寸数据将作为裁剪的基础。根据披风的设计，确定所需面料的幅宽和长度。

（2）绘制纸样或直接在布料上标记

如果使用纸样，根据穿着者各部位的尺寸和披风设计绘制纸样。如果直接在布料上操作，用尺子和画粉在布料上标出裁剪线。

（3）裁剪前片

根据设计，裁剪出披风的前片。如果披风有特殊的领子设计，如椭圆领或立领，需在前片上标出并裁剪出相应的领子形状。

（4）裁剪后片

根据前片的形状和披风的整体设计，裁剪出后片。后片可能需要比前片稍长或稍宽，具体取决于披风的设计。如果披风需要开衩，需在后片上标出开衩的位置并裁剪。

（5）裁剪袖子（如果披风设计包含袖子）

根据披风的袖形（如插肩袖、直袖等）和穿着者的肩宽、袖长等尺寸，裁剪出袖子。注意袖子与衣身连接处（如插肩点）的裁剪和标记。

（6）裁剪其他部件

如果披风设计包含领子、口袋、腰带等部件，需根据设计裁剪出相应的部件。

（7）缝合前后片

将前片和后片按照裁剪线对齐，用大头针固定。沿着缝份缝合前后片的侧缝和肩缝（如有）。

（8）安装袖子（如果披风设计包含袖子）

将袖子与披风衣身的袖窿部位对齐，用大头针固定。沿着缝份缝合袖子与衣身的连接处。

（9）处理领子

根据设计裁剪出领子形状，并与其他部件（如衬布）拼接。将领子与披风的前片或后片缝合。

6.2.2　裁剪技巧

（1）面料选择

选用适合女式披风的面料，如中等厚度的双面毛呢、有垂感的毛毛布、螺纹、西装或风衣面料等。

（2）缝制技巧

注意缝份的处理和熨烫定形，以提高披风的品质和穿着舒适度。

（3）设计创新

在裁剪和缝制过程中可以根据个人喜好和穿着需求进行创新设计，如改变领子形状、增加装饰性元素等。

6.2.3　裁剪范例

成品规格见表6-3。

表 6-3　成品规格

部　　位	衣长（L）	胸围（B）	肩宽（S）	领大（N）
尺　　寸（寸）	24.2	30	12	17.1
尺　　寸（cm）	80.6	100	40	57

注：此款用原型制图。

女式披风样板详见图6-4。

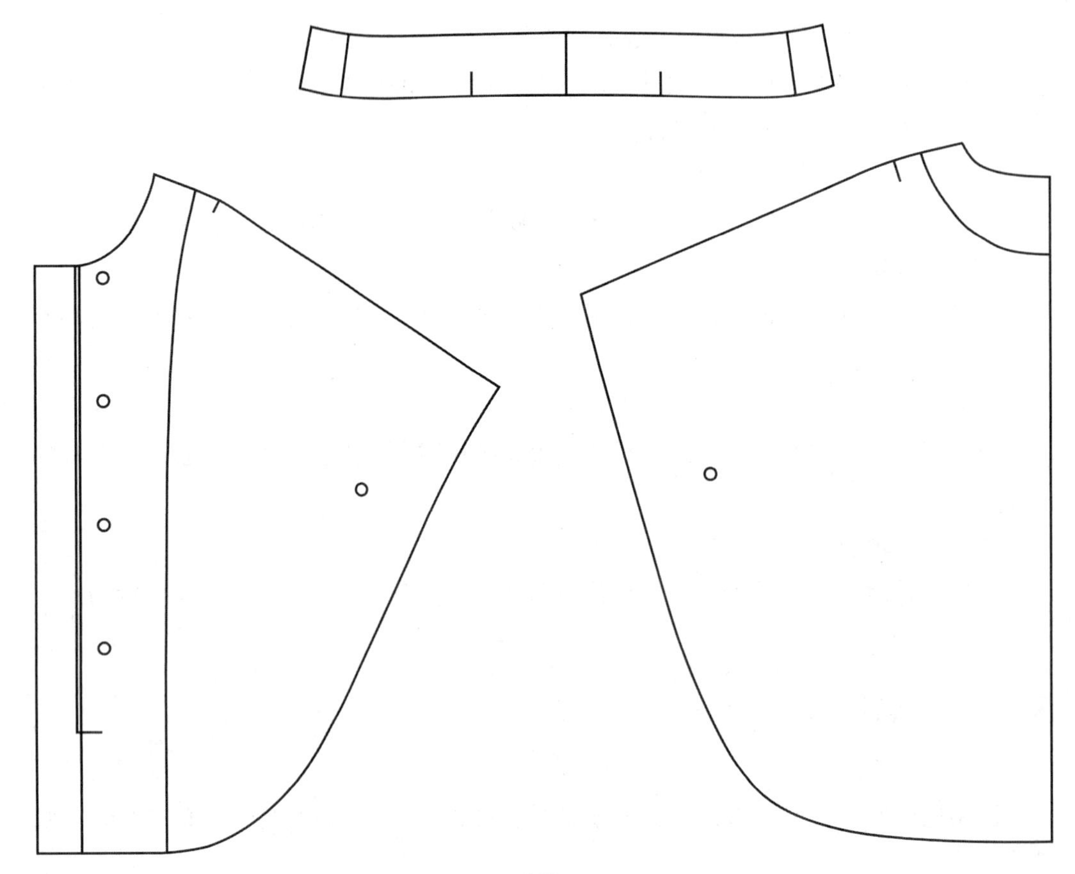

步骤1

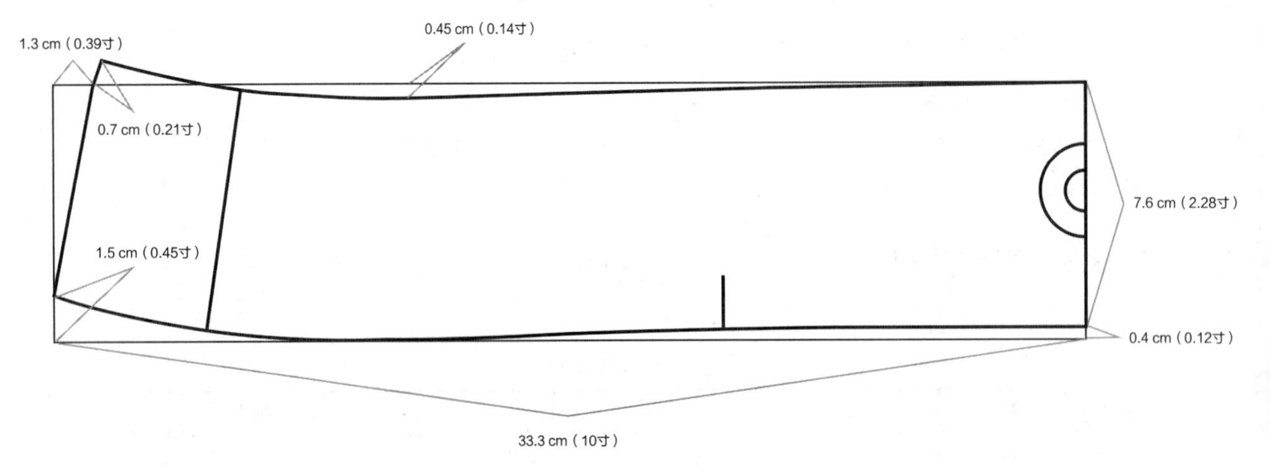
1.3 cm（0.39寸）
0.45 cm（0.14寸）
0.7 cm（0.21寸）
7.6 cm（2.28寸）
1.5 cm（0.45寸）
0.4 cm（0.12寸）
33.3 cm（10寸）

步骤2

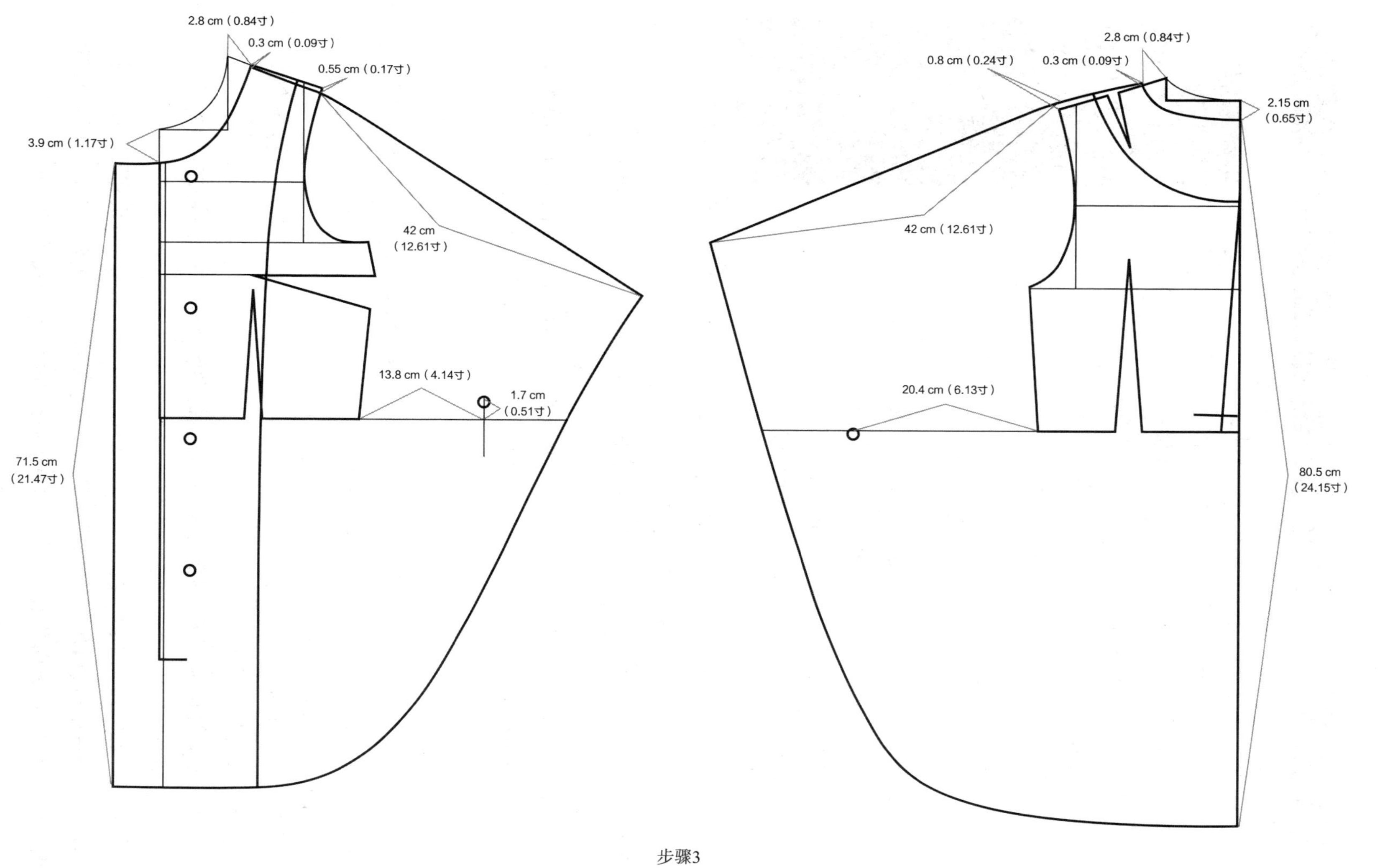

步骤3
图 6-4　女式披风样板

6.3 中式领刀背缝外衣的裁剪步骤与技巧

中式领刀背缝外衣，是一种结合传统中式元素与现代裁剪技术的外套。其特点为采用中式领形，即立领或斜襟领，展现出东方服饰的韵味与典雅，并在裁剪上采用刀背缝技术，使衣服产生特定的款式和美感。中式领刀背缝外衣样式见图6-5。

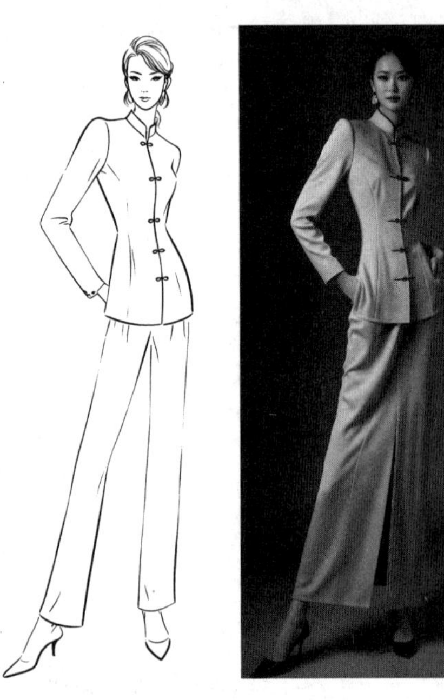

图 6-5　中式领刀背缝外衣

6.3.1 裁剪步骤

（1）测量尺寸

准确测量穿着者的身高、肩宽、胸围、腰围、臀围、袖长等关键尺寸，这些尺寸数据将作为裁剪的基础。特别注意腰围的测量，因为刀背缝设计需要在腰部进行收缩，以突出身形曲线。

（2）绘制纸样

根据测量尺寸和设计要求，绘制出中式领刀背缝大衣的纸样。纸样应包括前片（含中式领）、后片、袖子等部分。特别注意刀背缝的位置和形状，以及中式领的结构和尺寸。

（3）裁剪前片

根据纸样裁剪出大衣的前片，包括中式领部分。在前片上标出省道（如胸省、腰省）和刀背缝的位置。刀背缝通常位于前片腰部两侧，呈斜向或曲线状，以突出腰部线条。

（4）裁剪后片

裁剪出大衣的后片，后片通常比前片稍长且宽度略大，以适应人体的背部曲线。在后片上标出必要的省道或分割线（如有）。

（5）裁剪袖子

根据袖长和袖形裁剪出袖子。注意袖子与衣身连接处（如袖窿）的裁剪和标记。

（6）裁剪其他部件

如大衣设计包含口袋、腰带等部件，需根据设计裁剪出相应的部件。

（7）缝合前后片

将前片和后片按照裁剪线对齐，用大头针固定。特别注意省道和刀背缝的对齐和固定。沿着缝份缝合前后片的侧缝和肩缝，注意保持线条流畅和对称。在缝合刀背缝时，要确保缝线的方向和张力与刀背缝的形状相匹配，以突出腰部线条。

（8）缝合袖子

将袖子与大衣衣身的袖窿部位对齐，用大头针固定。沿着缝份缝合袖子与衣身的连接处，注意袖子的弧度和衣身匹配。确保袖子安装平整、无褶皱。

（9）缝合中式领

将中式领与大衣前片缝合。注意领子的形状、位置和与衣身的匹配度。确保领子安装平整、无褶皱，并与大衣整体风格相协调。

6.3.2　裁剪技巧

（1）面料选择

选择适合中式大衣的面料，如羊毛、羊绒、呢子等，这些材质既保暖又有一定的挺括性。

（2）处理省道和刀背缝

省道可以向内熨烫成褶子或用其他方式隐藏。特别注意刀背缝的处理，要确保其形状和线条的流畅性，可以通过熨烫和手工调整来完善刀背缝的效果。

6.3.3　裁剪范例

成品规格见表6-4。

表 6-4　成品规格

部　位	衣长（L）	胸围（B）	肩宽（S）	领围（N）	袖长（SL）	袖口（CW）
尺寸（寸）	19.8	30	12.5	12.6	16.8	4
尺寸（cm）	66	100	41.5	42	56	13.2

主要部位尺寸见表6-5。

表 6-5　主要部位尺寸

序　号	部　位	尺　寸（寸）	尺　寸（cm）
①	前衣长	19.8	66
②	前领口深	2.37	7.9
③	前落肩	1.5	5
④	前袖窿深线	5.1	17
⑤	腰节线	11.4	37.1
⑥	底边上翘	0.6	2
⑦	前领口宽	2.37	7.9
⑧	前肩宽	6	20
⑨	前胸围	7.5	25

续表

序　号	部　位	尺　寸（寸）	尺　寸（cm）
⑩	后衣长	19.8	66
⑪	后领口深	0.87	2.9
⑫	后落肩	1.2	4
⑬	后袖窿深	6.3	21
⑭	后领口宽	2.37	7.9
⑮	背宽	5.7	19
⑯	后肩宽	6	20
⑰	后胸围	7.67	25.6
⑱	袖长	16.82	56
⑲	袖山高	4.5	15
⑳	袖口	3.96	13.2

中式领刀背缝外衣样板详见图6-6。

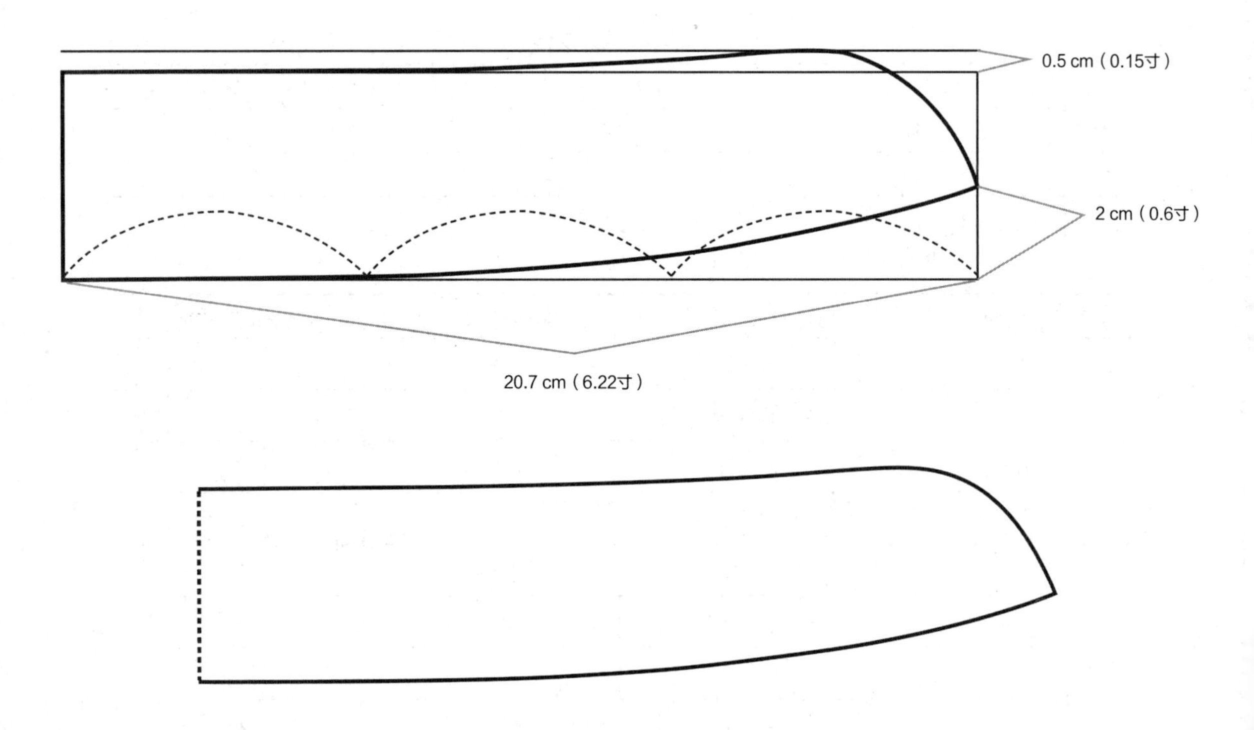

步骤1

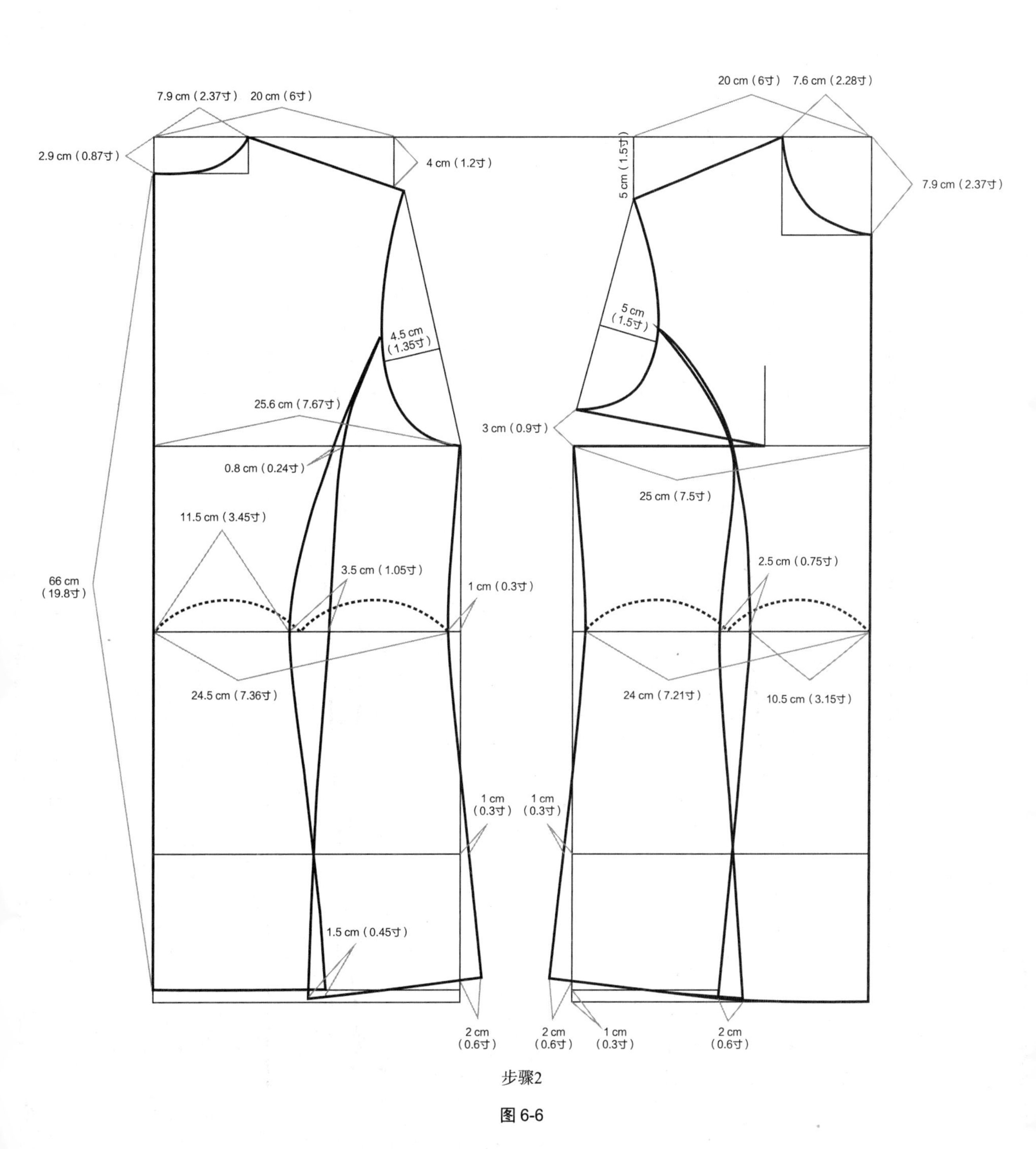
7.9 cm（2.37寸）
20 cm（6寸）
2.9 cm（0.87寸）
4 cm（1.2寸）
4.5 cm（1.35寸）
25.6 cm（7.67寸）
0.8 cm（0.24寸）
11.5 cm（3.45寸）
66 cm（19.8寸）
3.5 cm（1.05寸）
1 cm（0.3寸）
24.5 cm（7.36寸）
1 cm（0.3寸）
1.5 cm（0.45寸）
2 cm（0.6寸）
20 cm（6寸）
7.6 cm（2.28寸）
5 cm（1.5寸）
7.9 cm（2.37寸）
5 cm（1.5寸）
3 cm（0.9寸）
25 cm（7.5寸）
2.5 cm（0.75寸）
24 cm（7.21寸）
10.5 cm（3.15寸）
1 cm（0.3寸）
2 cm（0.6寸）
1 cm（0.3寸）
2 cm（0.6寸）

步骤2

图 6-6

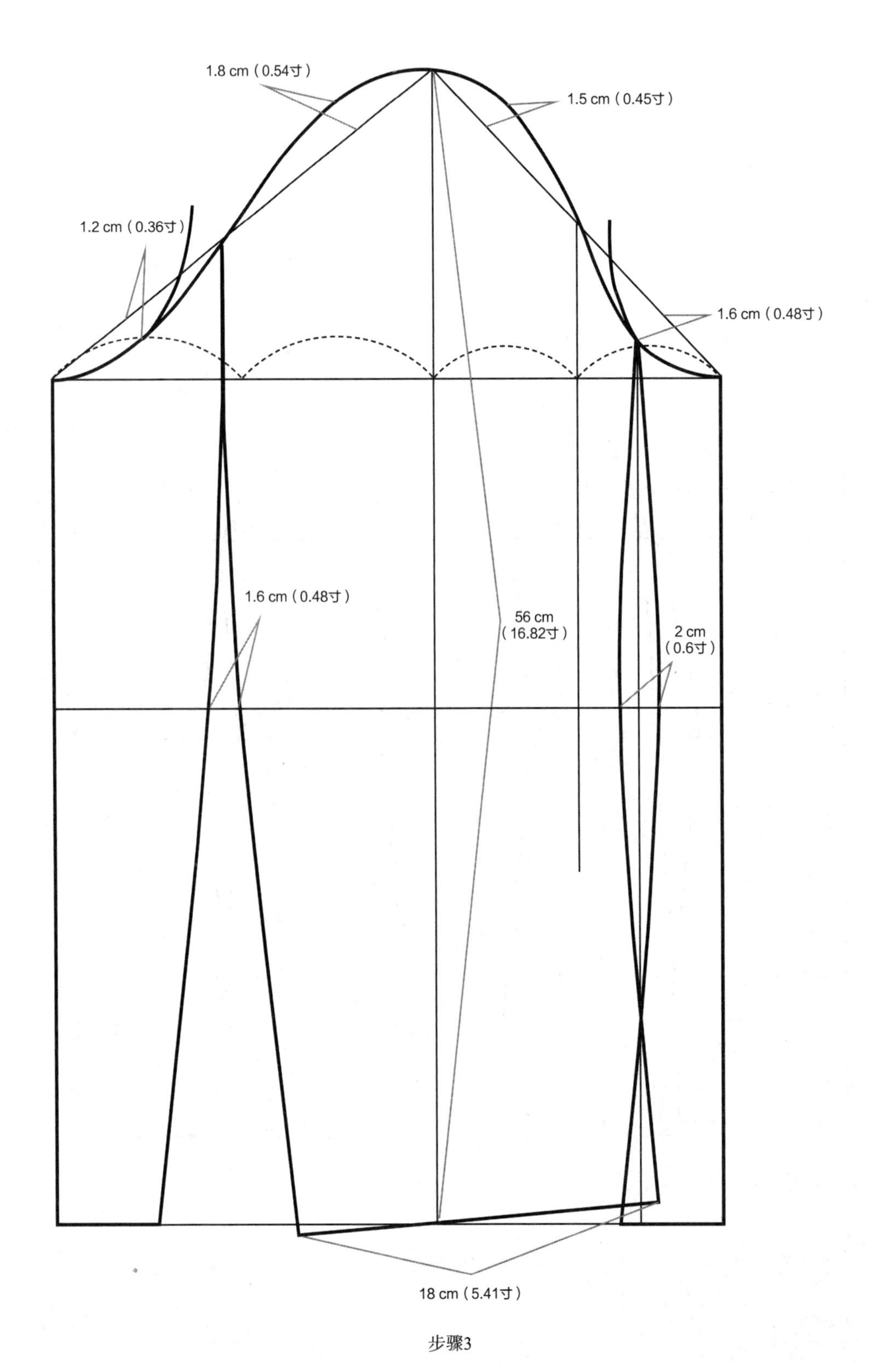
1.8 cm（0.54寸）
1.5 cm（0.45寸）
1.2 cm（0.36寸）
1.6 cm（0.48寸）
1.6 cm（0.48寸）
56 cm
（16.82寸）
2 cm
（0.6寸）
18 cm（5.41寸）

步骤3

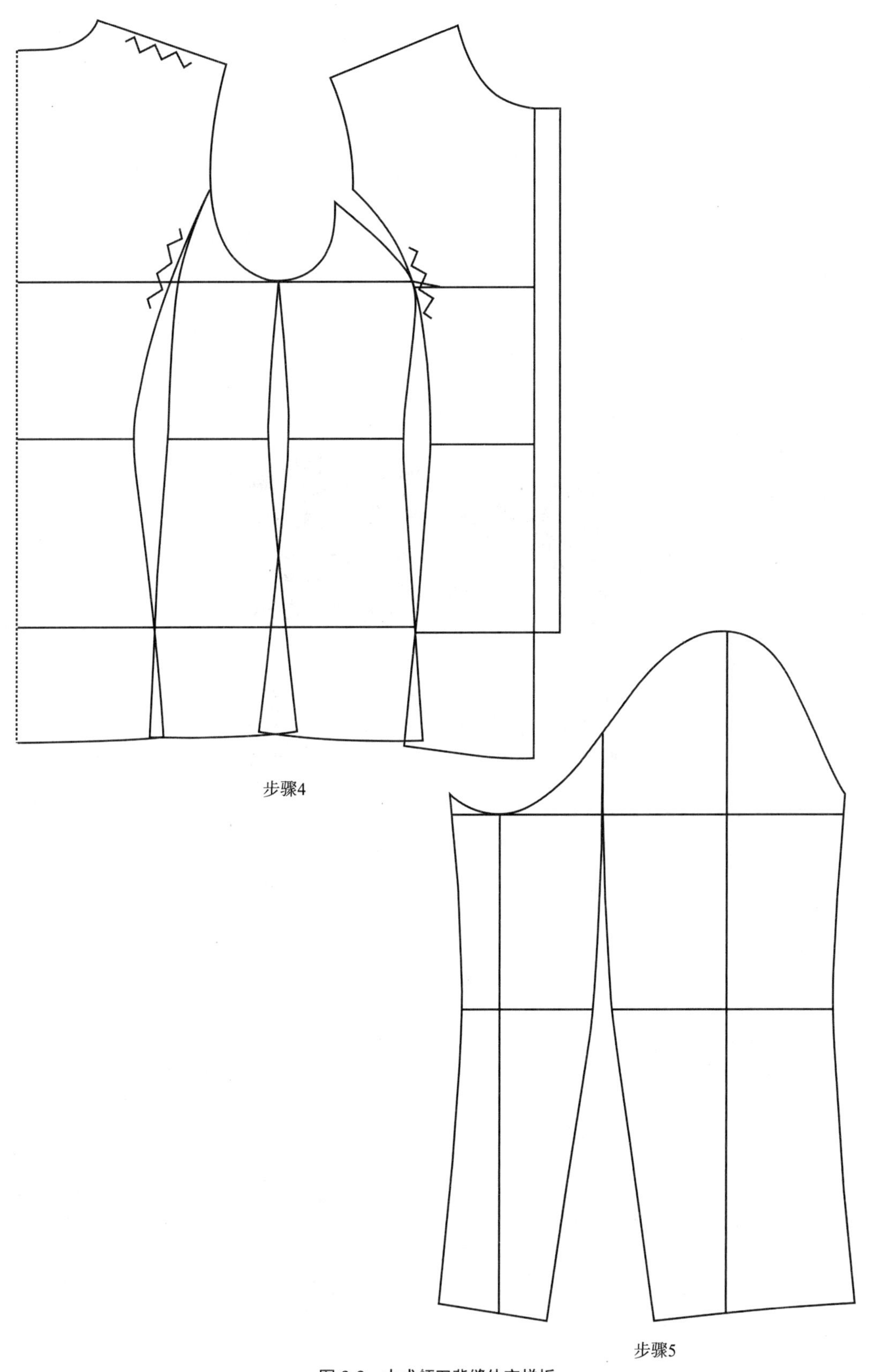

图 6-6　中式领刀背缝外衣样板

第7章 裤装裁剪技法

7.1 普通男西裤的裁剪步骤与技巧

普通男西裤是指与西装上衣配套穿着的裤子，裤管有侧缝、穿着分前后且与体型协调是其主要特点。它适合在办公室及社交场合穿着，符合舒适自然的要求，同时在造型上与形体相协调。普通男西裤样式见图7-1。

图 7-1　普通男西裤

7.1.1 裁剪步骤

（1）测量尺寸

使用尺子紧贴皮肤测量腰围、臀围、腿长（从腰线到脚踝骨的水平线处）和裤脚宽（通常为裤长的三分之一或二分之一）等关键尺寸。

（2）排料与裁剪

根据裤形模板和面料幅宽，合理排料并裁剪出裤头、裤腿、裤腰和裤袋等各个部分。注意纸样的挺缝线要与布料的径向平行，以确保裁剪出的裤子线条流畅。

（3）缝制前插袋

先缝制裤子前片的插袋，注意袋口的位置和大小要符合设计要求。

（4）后片收省

在后裤片上进行收省处理，以符合人体曲线。

（5）挖后口袋

在后裤片上挖出口袋，并缝制口袋布。

（6）缝合前后侧缝

将前后裤片的侧缝缝合在一起。

（7）缝制前门襟

缝制裤子的前门襟部分。

（8）缝制腰里、腰面

缝制裤子的腰里和腰面部分，注意腰里要搭里衬片以增加舒适度。

（9）缝合腰头

根据裤头的尺寸和裤形，在裤腰部位剪下洞口并缝入腰头。

（10）裁剪压脚

测量好裤脚长度并裁剪压脚部分，确保裤脚光滑平整。

7.1.2 裁剪技巧

（1）注重细节处理

在缝制过程中，要注重细节处理，如口袋的缝制、腰头的缝合等都要做到精细。

（2）合理归拔

对需要归拔的部位进行合理处理，以确保裤子穿着舒适且符合人体曲线。

（3）熨烫定形

裁剪完成后，要对裤子进行熨烫定型处理，以确保裤子的线条流畅且不易变形。

7.1.3 裁剪范例

成品规格见表7-1。

表 7-1 成品规格

部　位	裤长（L）	臀围（H）	腰围（W）	上裆（FR）	脚口（SB）
尺寸（寸）	29.7	30	24	8.7	7.2
尺寸（cm）	99	100	80	29	24

主要部位尺寸见表7-2

表 7-2 主要部位尺寸

序　号	部　位	尺　寸（寸）	尺　寸（cm）
①	裤长	29.7	99
②	上裆	8.7	29
③	臀高	6	20
④	前臀围	7.2	24
⑤	小裆宽	1.29	4.3
⑥	烫迹线	4.2	14
⑦	前腰围	6.6	22
⑧	前脚口	6.6	22
⑨	后臀围	7.8	26
⑩	大裆宽	3.2	10.5
⑪	后腰围	7.35	24.5
⑫	后脚口	7.8	26

普通男西裤样板详见图7-2。

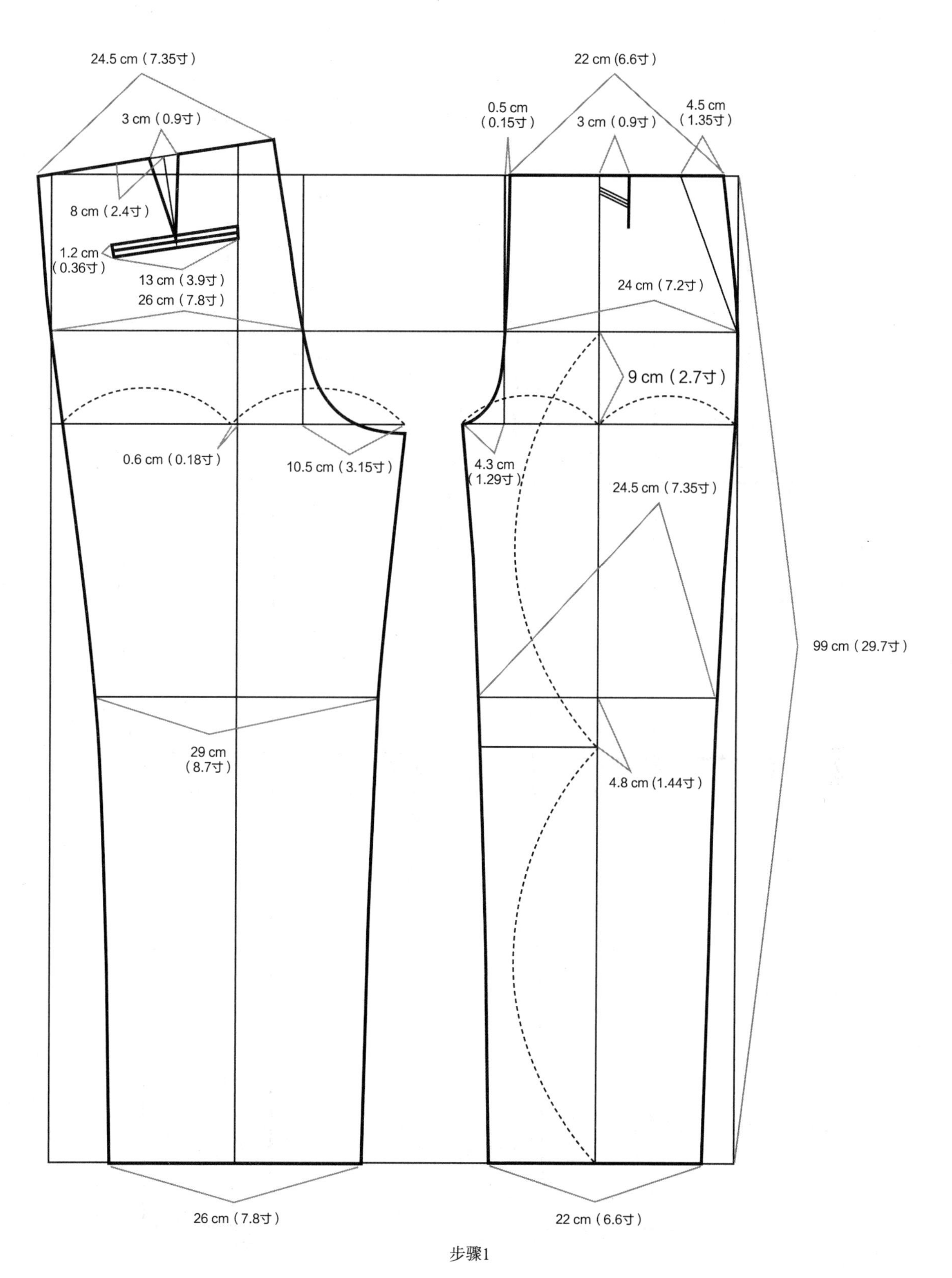
24.5 cm（7.35寸）
3 cm（0.9寸）
8 cm（2.4寸）
1.2 cm
（0.36寸）
13 cm（3.9寸）
26 cm（7.8寸）
0.6 cm（0.18寸）
10.5 cm（3.15寸）
29 cm
（8.7寸）
26 cm（7.8寸）
22 cm (6.6寸）
0.5 cm
（0.15寸）
3 cm（0.9寸）
4.5 cm
（1.35寸）
24 cm（7.2寸）
9 cm（2.7寸）
4.3 cm
（1.29寸）
24.5 cm（7.35寸）
4.8 cm (1.44寸）
99 cm（29.7寸）
22 cm（6.6寸）

步骤1

图 7-2

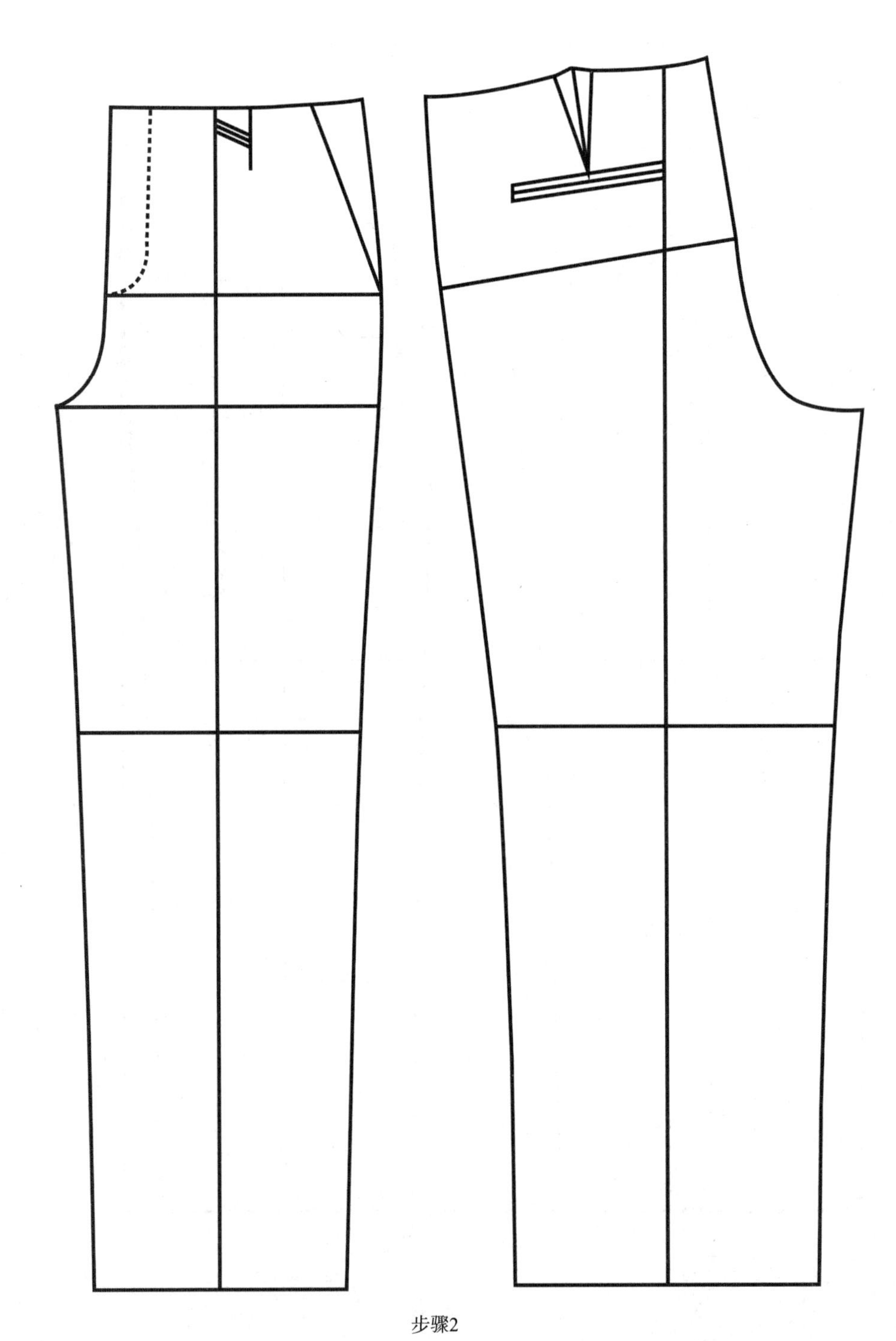

步骤2

图 7-2　普通男西裤样板

7.2 女裤基本型的裁剪步骤与技巧

女裤基本型是一种简洁大方、基础实用的裤子款式。腰部通常采用平腰或高腰设计，根据穿着者的需求和喜好进行选择。虽然为基本型，但裤形可根据需求进行微调，如直筒、微喇、锥形等，以适应不同的搭配和场合。女裤基本型样式见图7-3。

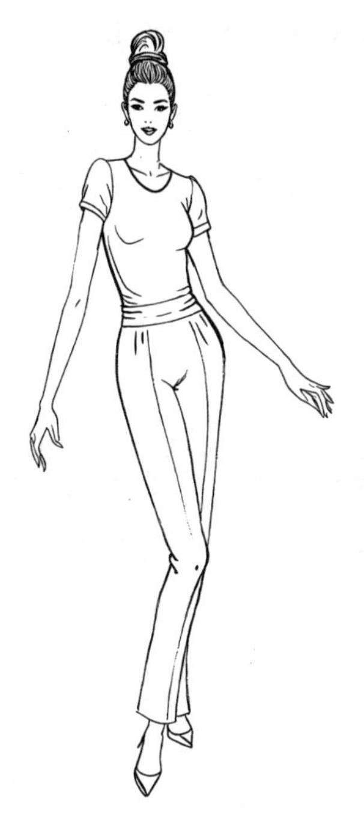

图 7-3　女裤基本型

7.2.1 裁剪步骤

（1）确定尺寸

使用皮尺准确测量穿着者的腰围、臀围、大腿围、小腿围及所需裤长等关键尺寸。

（2）绘制纸样

在纸上绘制出女裤的基本纸样，包括前片、后片、裤腰等部分。标注好各部分的尺寸和裁剪线，确保纸样准确无误。

（3）裁剪前片

将面料铺在裁剪台上，按照纸样上的前片轮廓，使用剪刀或裁布刀沿着裁剪线剪下前片。注意保持剪刀或裁布刀与面料垂直，确保裁剪线条平整和准确。

（4）裁剪后片

同样的，按照纸样上的后片轮廓，裁剪出后片。注意后片的长度和宽度，确保与前片相匹配。

（5）裁剪裤腰

根据腰围尺寸和所需的裤腰宽度，裁剪出合适的裤腰布条。裤腰布条的长度应略大于腰围尺寸，以便在缝制时有一定的松量。

（6）缝合前后片

将前片和后片的侧缝对齐，使用缝纫机或手工缝制，将侧缝缝合。注意保持缝线的直线性和平整性，确保侧缝牢固、美观。

（7）缝合裤腰

将裤腰布条对折，熨烫平整后，与裤子的腰部对齐。将裤腰与裤子腰部缝合，注意保持裤腰平整和松紧度适中。

（8）缝合裆部

将前后片的裆部对齐，使用缝纫机或手工缝制，将裆部缝合。注意裆部的曲线和弧度要与人体曲线相匹配，确保穿着舒适。

7.2.2 裁剪技巧

选择适合女裤的面料，如棉、麻、牛仔布等，考虑面料的质地、颜色和厚度是否符合穿着需求。

7.2.3 裁剪范例

成品规格见表7-3。

表 7-3 成品规格

部　位	裤长（L）	臀围（H）	腰围（W）	腰宽（WW）	脚口（SB）
尺寸（寸）	30.45	28.4	21.6	1.2	7
尺寸（cm）	101.5	94.5	72	4	23.3

主要部位尺寸见表7-4。

表 7-4 主要部位尺寸

序　号	部　位	尺　寸（寸）	尺　寸（cm）
①	裤长	30.45	101.5
②	上裆	7.2	24
③	臀高	5.4	18
④	前臀围	6.8	22.8
⑤	小裆宽	1	3.2
⑥	前腰围	6.45	21.5
⑦	前脚口	6.69	22.3
⑧	后臀围	7.4	24.5
⑨	大裆宽	2.9	9.8
⑩	后腰围	5.85	19.5
⑪	后脚口	7.3	24.3
⑫	腰头长	21.6	72

女裤基本型样板详见图7-4。

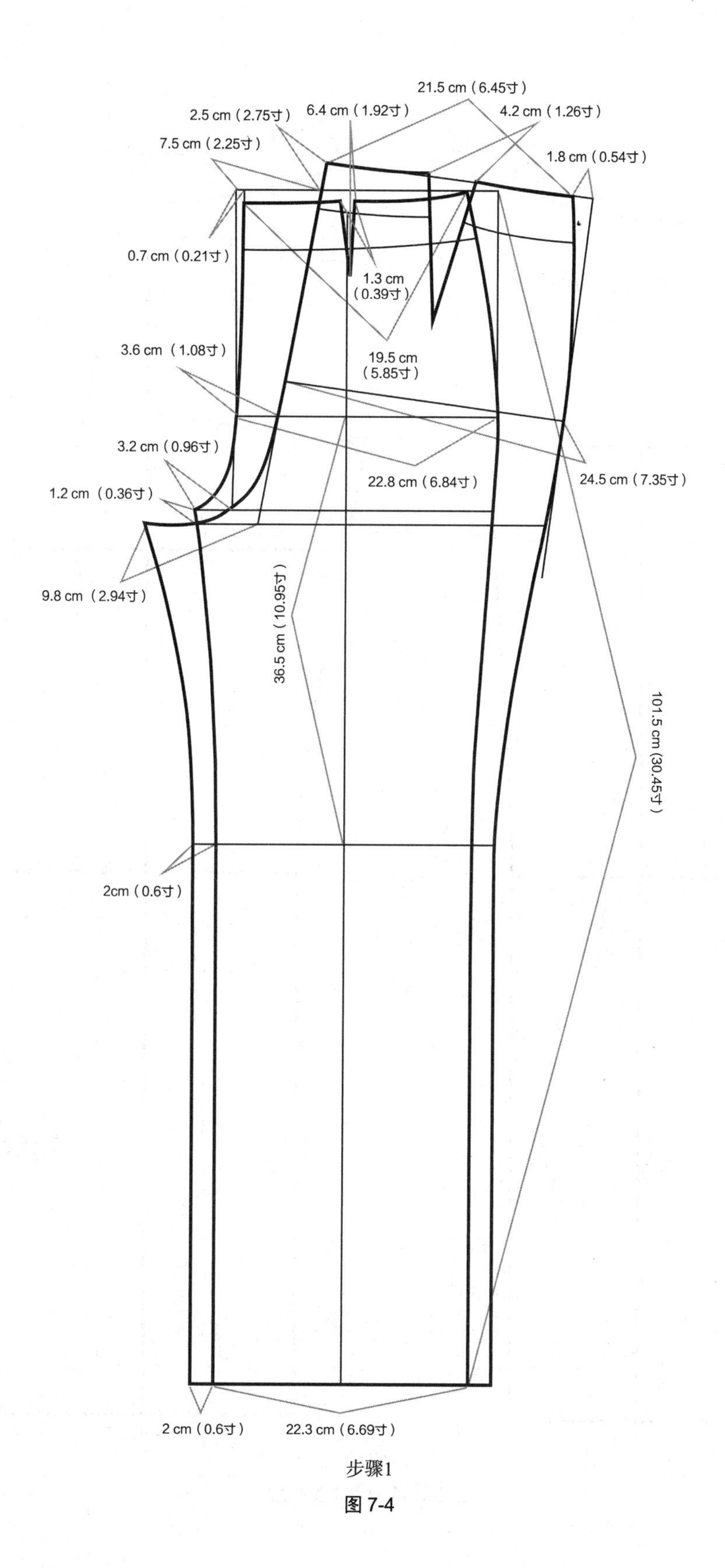
21.5 cm（6.45寸）
2.5 cm（2.75寸）
6.4 cm（1.92寸）
4.2 cm（1.26寸）
7.5 cm（2.25寸）
1.8 cm（0.54寸）
0.7 cm（0.21寸）
1.3 cm
（0.39寸）
3.6 cm（1.08寸）
19.5 cm
（5.85寸）
3.2 cm（0.96寸）
22.8 cm（6.84寸）
24.5 cm（7.35寸）
1.2 cm（0.36寸）
9.8 cm（2.94寸）
36.5 cm（10.95寸）
101.5 cm (30.45寸）
2cm（0.6寸）
2 cm（0.6寸）
22.3 cm（6.69寸）

步骤1

图7-4

步骤2

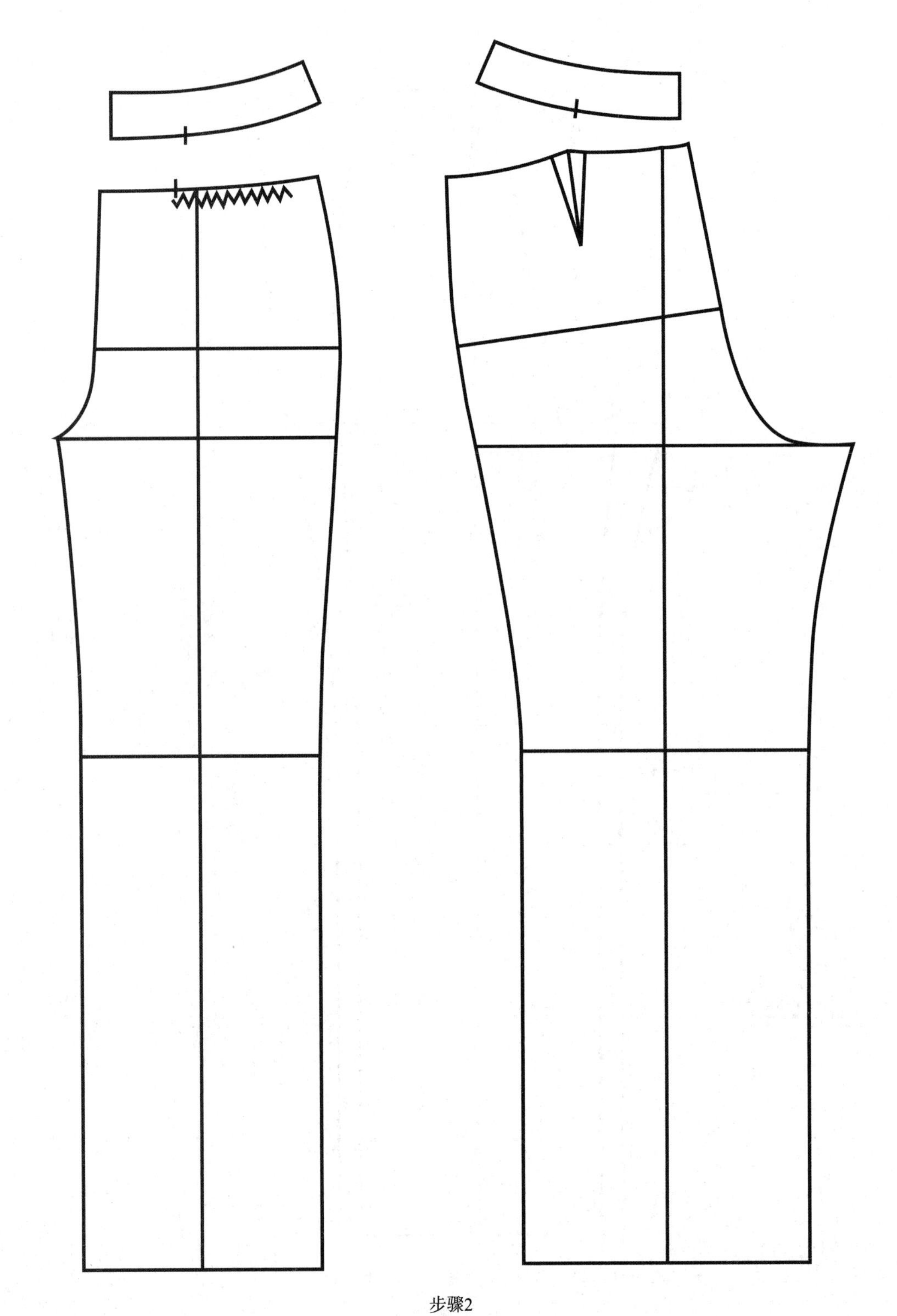

步骤2

图 7-4　女裤基本型样板

7.3　锥形裤的裁剪步骤与技巧

锥形裤是一种裤管从上到下逐渐收紧的裤形设计，具有修饰腿形、提升线条流畅感等优点。它适用于多种人群和场合，并通过不同的搭配方式展现出多样化的风格特点。锥形裤样式见图7-5。

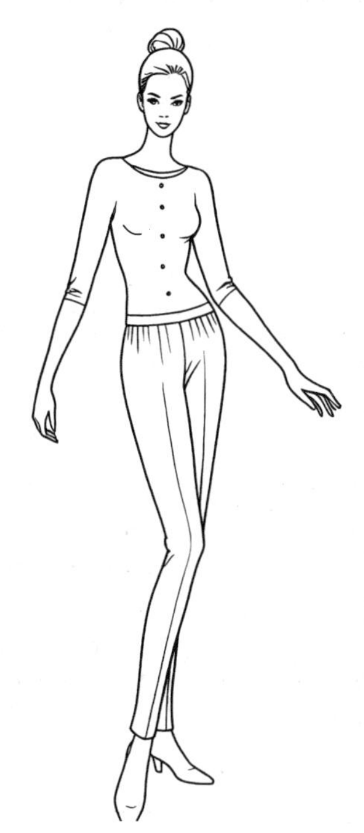
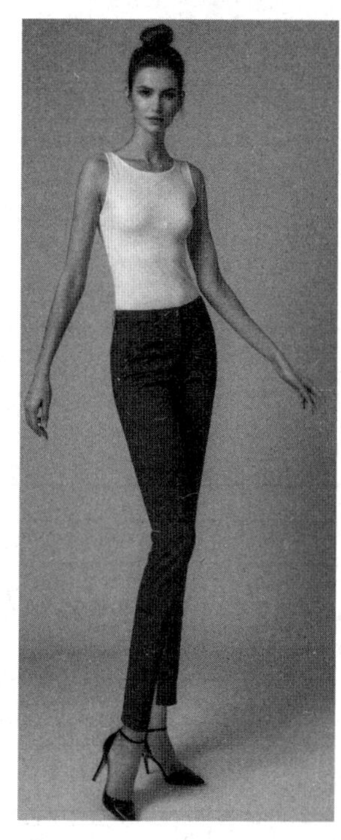

图7-5　锥形裤

7.3.1　裁剪步骤

（1）测量与准备

准确测量穿着者的腰围、臀围、大腿围、小腿围以及裤长等关键尺寸。

（2）绘制裁剪图

根据测量的尺寸，在纸张上绘制锥形裤的裁剪图。裁剪图应包括前后片、口袋、腰头等部分。注意锥形裤的特点，即臀部略大，脚口收小，整体呈倒梯形。

（3）裁剪布料

将裁剪图放在布料上，用粉笔或画线工具标出裁剪线。使用剪刀或电动裁剪机沿着裁剪线裁剪布料，得到锥形裤的各个部分。

（4）缝合

首先缝合裤子的前后片，通常从裤裆处开始向上缝合至腰部。接着缝合裤子的内侧缝和外侧缝，形成裤子的基本形状。在裤子的前片设置活褶裥，并在需要的位置缝制口袋。

（5）制作腰头

根据腰围尺寸裁剪腰头布料，并缝制腰带的带袢。将腰头与裤子的腰部缝合，确保腰头平整且穿着舒适。

7.3.2　裁剪技巧

（1）注重放松量

锥形裤的臀围放松量较大，裁剪时要充分考虑这一点，以确保穿着舒适。

（2）中裆线下移

中裆线下移是形成锥形效果的关键，裁剪时要根据臀围与脚口的差量确定下移量。

（3）脚口设计

脚口尺寸要小于中裆，且最小值应大于足围。裁剪时要仔细计算并留出缝边。

7.3.3 裁剪范例

成品规格见表7-5。

表 7-5 成品规格

部 位	裤长（L）	臀围（H）	腰围（W）	上裆（FR）	脚口（SB）
尺寸（寸）	28.5	29.6	21.3	9	5.4
尺寸（cm）	95	98.5	71	30	18

主要部位尺寸见表7-6。

表 7-6 主要部位尺寸

序 号	部 位	尺 寸（寸）	尺 寸（cm）
①	前上裆	9	30
②	前臀高	5.4	18
③	前臀围	8.7	29
④	小裆宽	0.96	3.2
⑤	前腰围	7.74	25.8
⑥	前脚口	5.1	17
⑦	裤长	28.5	95
⑧	后落裆	0.5	1.5
⑨	后臀高	5.4	18
⑩	后臀围	7.5	25
⑪	大裆宽	2.9	9.8
⑫	后腰围	7.05	23.5
⑬	后脚口	5.1	17
⑭	腰头长	21.3	71

锥形裤样板详见图7-6。

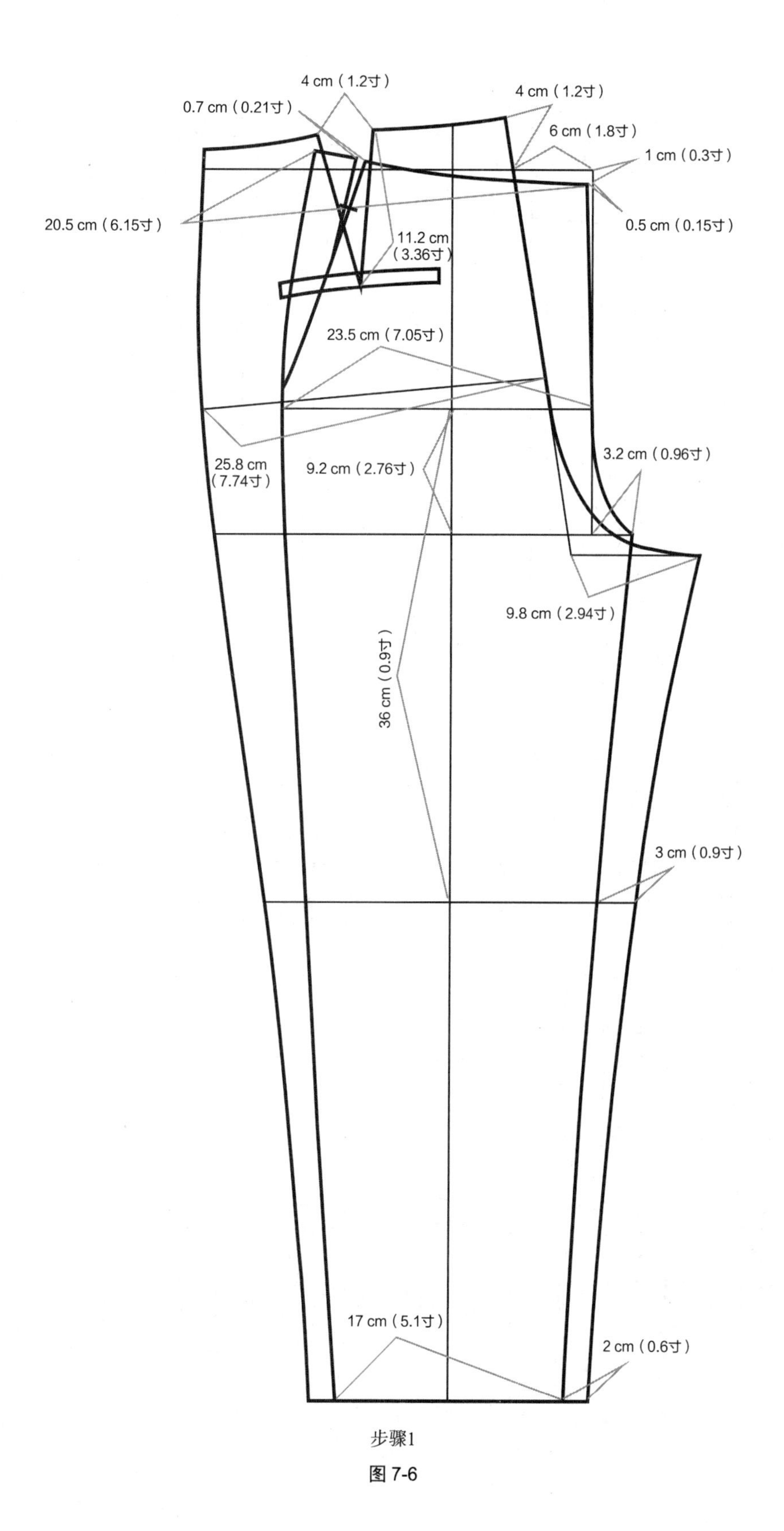
4 cm（1.2寸）
0.7 cm（0.21寸）
4 cm（1.2寸）
6 cm（1.8寸）
1 cm（0.3寸）
20.5 cm（6.15寸）
0.5 cm（0.15寸）
11.2 cm
（3.36寸）
23.5 cm（7.05寸）
3.2 cm（0.96寸）
25.8 cm
（7.74寸）
9.2 cm（2.76寸）
9.8 cm（2.94寸）
36 cm（0.9寸）
3 cm（0.9寸）
17 cm（5.1寸）
2 cm（0.6寸）

步骤1

图 7-6

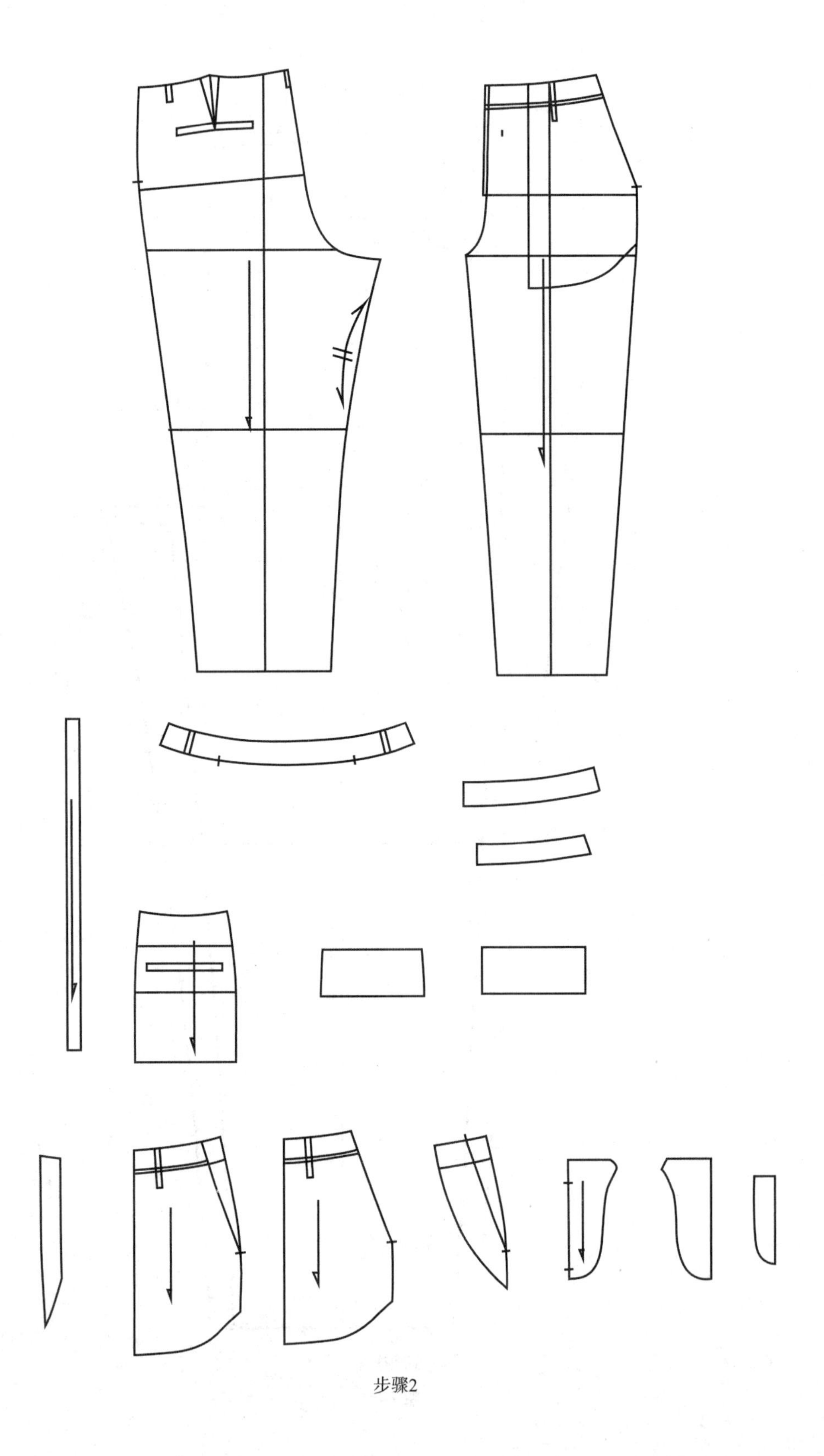

步骤2

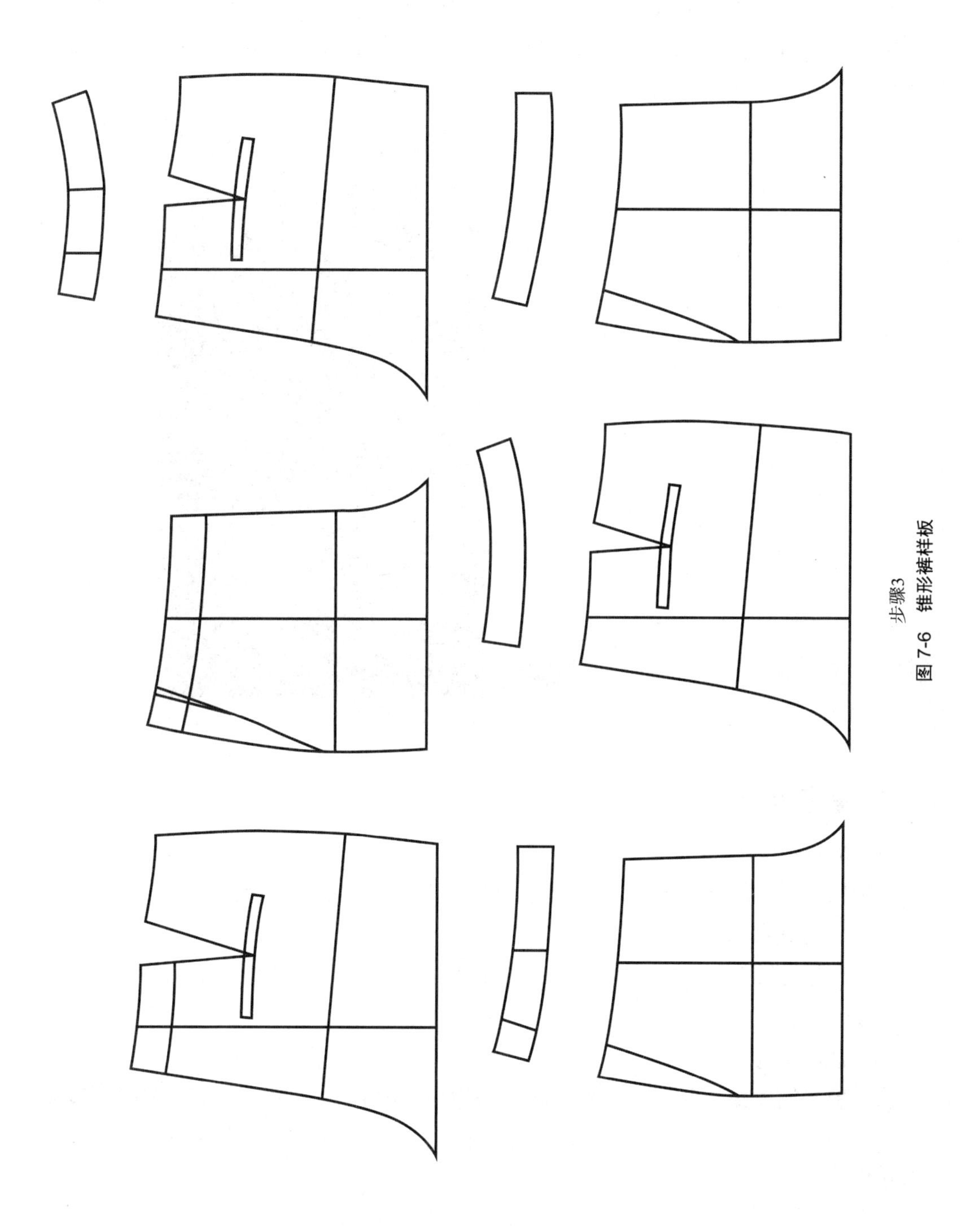

步骤3

图 7-6　锥形裤样板

7.4 连腰裙裤的裁剪步骤与技巧

裙裤，顾名思义，是裤子与裙子的一种结合体。它保留了裤子的某些特点，如具有下裆和裤管，同时在外形上又形似裙子，具有裙子的飘逸和宽松感。裙裤样式见图7-7。

图 7-7 裙裤

7.4.1 裁剪步骤

（1）测量身体尺寸

使用软尺测量腰围、臀围、大腿围、小腿围等必要的尺寸，并记录下来。

（2）绘制裁剪图

根据测量的尺寸和想要的款式，在纸上画出裁剪图。裁剪图应包括前后片、侧片、口袋、腰带等部分。

（3）裁剪布料

将布料平铺在裁剪台上，将画好的裁剪图放在布料上，用铅笔沿着裁剪图的边缘轻轻描摹。使用剪刀沿着铅笔线将布料剪下来，注意保持剪刀与布料垂直，确保裁剪的准确度。

（4）拼接布料

将前后片、侧片和腰带等部分手工或用缝纫机缝制在一起。在拼接过程中，注意保持线迹的平整和一致。

（5）缝制及细节处理

根据裁剪图上的指示，完成口袋和腰部细节的制作和缝制。这些细节处理将直接影响裙裤的成品质量和穿着效果。

7.4.2　裁剪技巧

（1）确定版型

在裁剪前，要确定裙裤的版型。版型的选择将直接影响裙裤的款式和穿着效果，可以通过立体裁剪或打版的方式来确定版型。

（2）注意对称性

在裁剪过程中，要注意前、后片的对称性。确保前、后片的形状和尺寸一致，以避免在缝制过程中出现偏差。

（3）预留缝份

缝份的大小取决于缝制方法和布料的厚度。预留足够的缝份可以确保在缝制过程中有足够的布料进行折叠和缝合。

7.4.3　裁剪范例

成品规格见表7-7。

表 7-7　成品规格

部　位	裤长（L）	臀围（H）	腰围（W）	上裆（FR）	腰头宽（WW）
尺寸（寸）	22.8	28.2	21	8.9	0.8
尺寸（cm）	76	94	70	29.5	2.8

主要部位尺寸见表7-8。

表 7-8　主要部位尺寸

序　号	部　位	尺　寸（寸）	尺　寸（cm）
①	裤长	22.8	76
②	臀高	5.4	18
③	前臀宽	6.8	22.5
④	前腰宽	6	20
⑤	后臀宽	7.4	24.5
⑥	腰头长	21	70

裙裤样板详见图7-8。

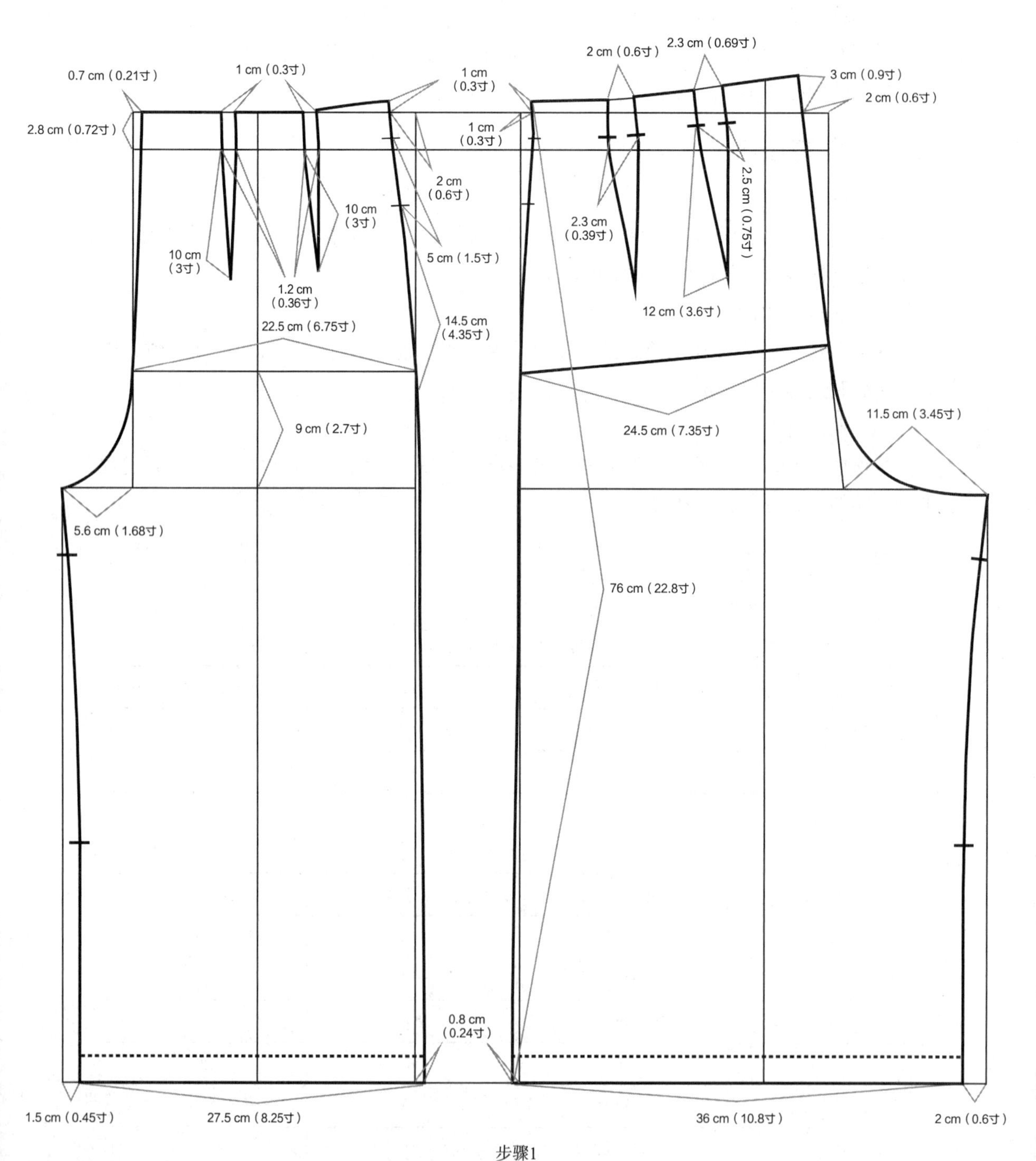

0.7 cm（0.21寸）
1 cm（0.3寸）
1 cm（0.3寸）
2 cm（0.6寸）
2.3 cm（0.69寸）
3 cm（0.9寸）
2 cm（0.6寸）
2.8 cm（0.72寸）
1 cm（0.3寸）
2 cm（0.6寸）
10 cm（3寸）
10 cm（3寸）
5 cm（1.5寸）
2.3 cm（0.39寸）
2.5 cm（0.75寸）
1.2 cm（0.36寸）
12 cm（3.6寸）
22.5 cm（6.75寸）
14.5 cm（4.35寸）
9 cm（2.7寸）
24.5 cm（7.35寸）
11.5 cm（3.45寸）
5.6 cm（1.68寸）
76 cm（22.8寸）
0.8 cm（0.24寸）
1.5 cm（0.45寸）
27.5 cm（8.25寸）
36 cm（10.8寸）
2 cm（0.6寸）

步骤1

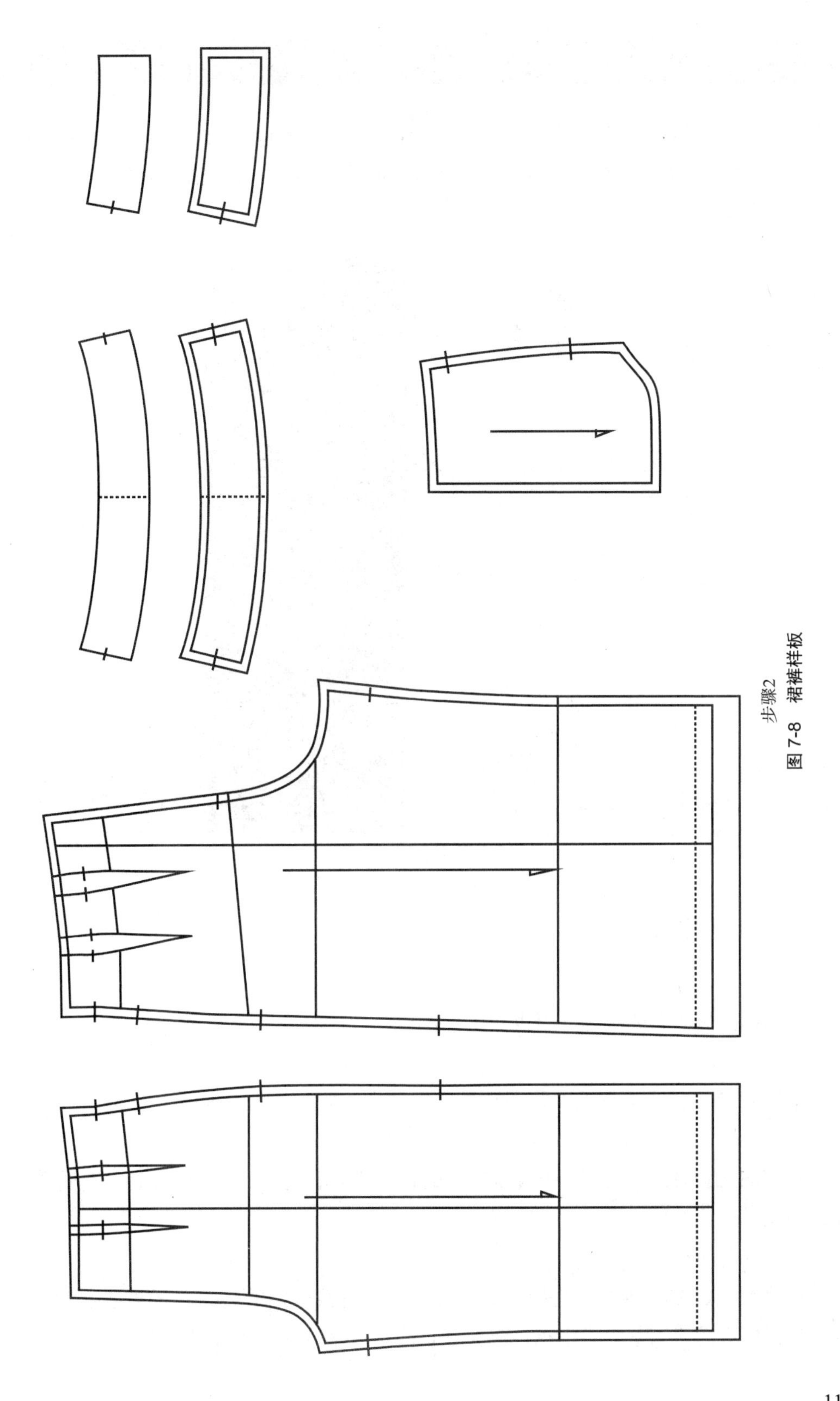

步骤2

图 7-8　裙裤样板

7.5 短裤的裁剪步骤与技巧

短裤是一种裤长至膝盖以上的裤子，通常长度在膝盖以上1.5～2.4寸（5～8cm）或更短。它们的设计初衷是为了让人们在炎热的天气或进行某些活动时更凉爽和舒适。短裤样式见图7-9。

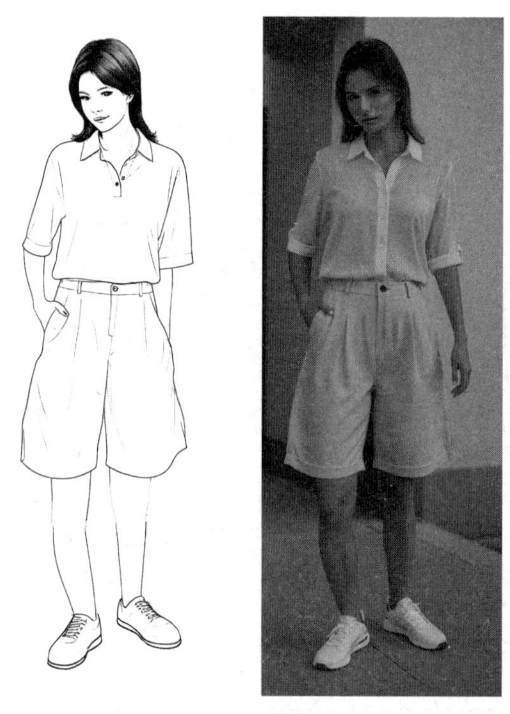

图 7-9 短裤

7.5.1 裁剪步骤

（1）测量与准备

准确测量穿着者的腰围、臀围、大腿围以及所需的裤长等关键尺寸。

（2）绘制裁剪图

根据测量的尺寸，在纸上绘制短裤的裁剪图。裁剪图应包括前片、后片（如果有区分），以及口袋、腰头等细节部分。

裁剪图的设计应考虑短裤的款式，如直筒、紧身、宽松等，以及是否有特殊的装饰或功能需求。

（3）裁剪布料

将裁剪图放在布料上，用粉笔或画线工具沿着裁剪图的边缘轻轻描摹。使用剪刀或电动裁剪机沿着描摹的线将布料裁剪下来，注意保持裁剪的准确度和平整度。

（4）拼接与缝制

将裁剪好的布料片按照裁剪图的指示进行拼接。通常先缝合裤子的侧缝，再缝合前、后片的裆部。在缝制过程中，要注意线迹的平整和一致，保持缝份线的松紧度适中。

根据需要制作口袋、腰带等细节部分，并将其固定在短裤上。

7.5.2　裁剪技巧

（1）注意对称性

短裤的裁剪要注意前、后片的对称性。确保前、后片的形状、尺寸和裁剪线一致，以避免在缝制过程中出现偏差。

（2）适应不同的体型

裁剪短裤时要考虑穿着者的体型特点。如腰围较粗的人可以适当增加腰围的裁剪尺寸；臀围较大的人则要注意臀围的裁剪和缝合方式等。

7.5.3　裁剪范例

成品规格见表7-9。

表 7-9　成品规格

部　位	裤长（L）	臀围（H）	腰围（W）	腰头宽（WW）
尺寸（寸）	14.25	33.5	19.2	1.2
尺寸（cm）	47.5	111.4	64	4

主要部位尺寸见表7-10。

表 7-10　主要部位尺寸

序　号	部　位	尺　寸（寸）	尺　寸（cm）
①	裤长	14.25	47.5
②	上裆	9.2	30.5
③	前臀围	8.19	27.3
④	小裆宽	2.1	7
⑤	前脚口	10.35	34.5
⑥	后臀围	8.55	28.5
⑦	大裆	3.2	10.8
⑧	后落裆	0.75	2.5
⑨	后脚口	12.6	42

短裤样板详见图7-10。

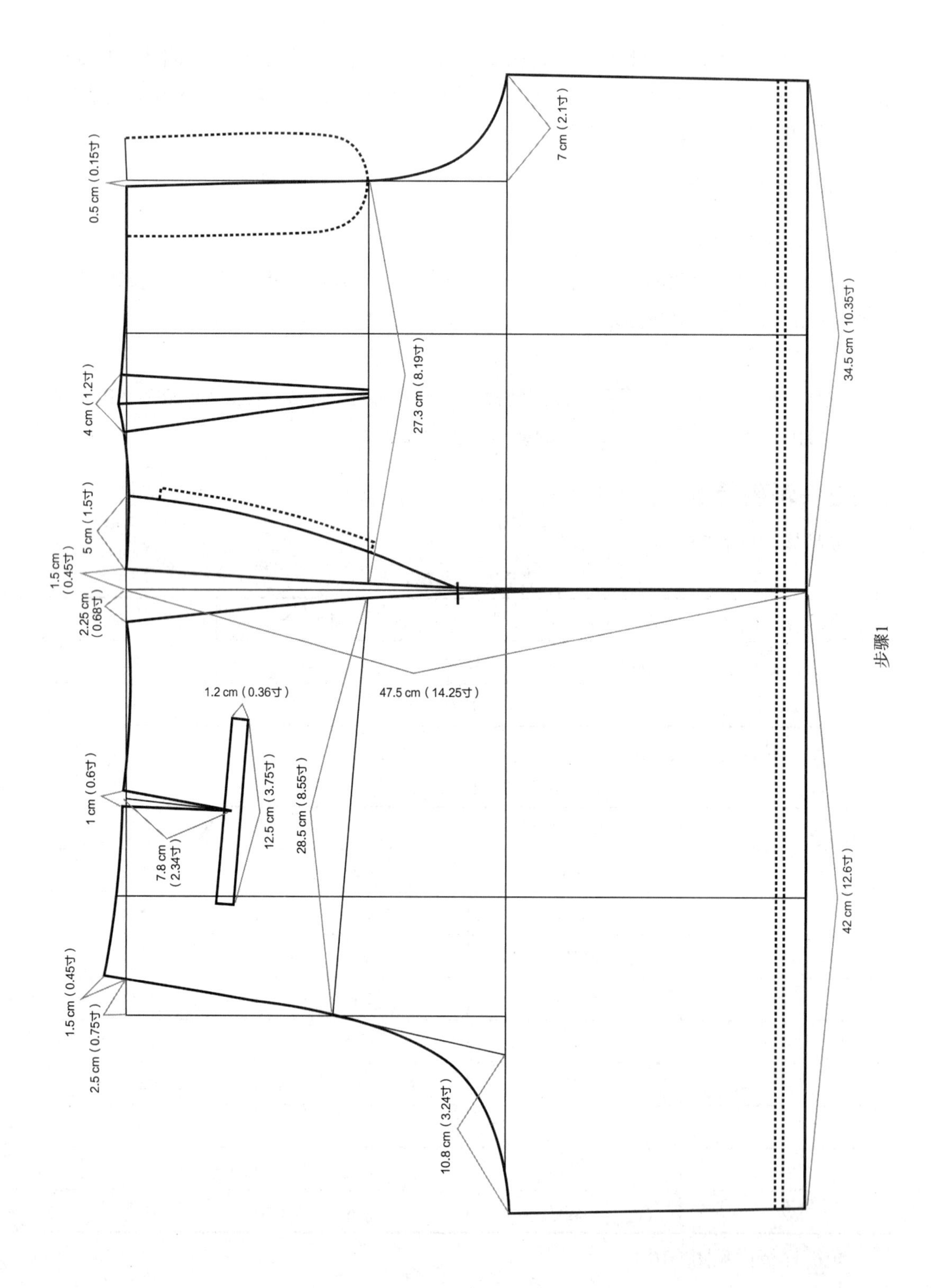
7 cm（2.1寸）
0.5 cm（0.15寸）
34.5 cm（10.35寸）
27.3 cm（8.19寸）
4 cm（1.2寸）
5 cm（1.5寸）
1.5 cm（0.45寸）
2.25 cm（0.68寸）
47.5 cm（14.25寸）
1.2 cm（0.36寸）
12.5 cm（3.75寸）
28.5 cm（8.55寸）
1 cm（0.6寸）
7.8 cm（2.34寸）
42 cm（12.6寸）
1.5 cm（0.45寸）
2.5 cm（0.75寸）
10.8 cm（3.24寸）

步骤1

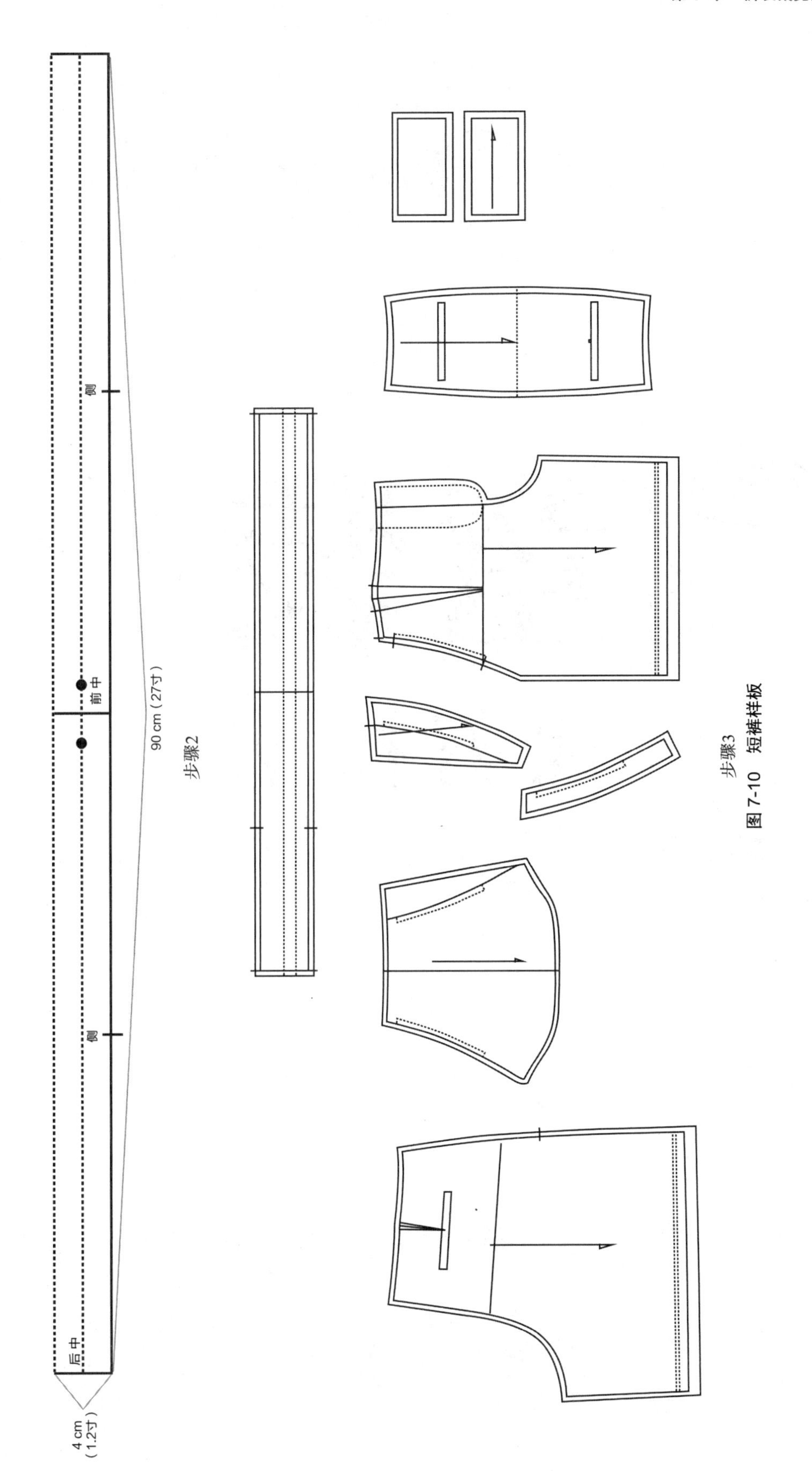

图 7-10　短裤样板

第8章 童装裁剪技法

8.1　插肩袖娃娃装的裁剪步骤与技巧

插肩袖娃娃装是一种专为儿童设计的服装款式。其特点是采用插肩袖，即袖子的袖山延伸到领围线或肩线的袖子类型。这种设计使得袖子与衣身相连，没有明显的肩线分割，从而营造出一种圆润、可爱的视觉效果。插肩袖娃娃装样式见图8-1。

图 8-1　插肩袖娃娃装

8.1.1　裁剪步骤

（1）测量尺寸

使用软尺准确测量儿童的身高、胸围、腰围、肩宽等关键尺寸，以确保裁剪出的娃娃装合身舒适。

（2）绘制裁剪图

根据测量得到的尺寸，结合娃娃装的款式设计，绘制裁剪图。裁剪图应包括前片、后片、袖子，以及领口、袖口等细节部分。

插肩袖的设计需要注意袖子与衣身的连接点，通常这个连接点会稍高于普通的肩袖设计，以营造出宽松舒适的穿着效果。

（3）裁剪布料

将选定的布料平铺在裁剪台上，按照裁剪图上的指示将布料裁剪成相应的形状和尺寸。注意在裁剪时要预留出足够的缝份，以便在后续缝制过程中折叠和缝合。

（4）拼接与缝制

将裁剪好的布料片按照裁剪图的指示进行拼接。通常先缝合衣身的侧缝，再缝合袖子和衣身。

插肩袖的缝制需要特别注意袖子与衣身连接处的处理，要确保连接处平整、牢固且不影响穿着的舒适度。

8.1.2　裁剪技巧

（1）注意对称性

插肩袖娃娃装的裁剪要注意前后片、左右袖等部分的对称性。确保各个部分的形状、尺寸和裁剪线一致，以避免在缝制过程中出现偏差。

（2）关注细节处理

细节处理是插肩袖娃娃装裁剪中的重要环节。如领口、袖口等部分的处理要精细、美观；插肩袖与衣身的连接处要平整、牢固且不影响穿着的舒适度。

（3）适应儿童体型

裁剪插肩袖娃娃装时要充分考虑儿童的体型特点，如儿童的肩部较窄、腰部较细等，需要在裁剪过程中进行适当的调整和修改。

8.1.3 裁剪范例

成品规格见表8-1。

表 8-1 成品规格

部 位	裤长（L）	胸围（B）	衍丈（Q）	袖长（SL）	袖肥（SW）	袖口（CW）	领宽（NW）
尺寸（寸）	15	16	9.9	9.9	4.05	2.94	3.6
尺寸（cm）	50	60	33	33	13.5	9.8	12
部 位	前直开领（SFC）	后直开领（SBC）	臀围（H）	脚口（SB）	股上（BR）	股下（IL）	肩宽（S）
尺寸（寸）	1.8	0.6	20.4	6.6	10.8	4.2	6
尺寸（cm）	6	2	68	22	36	14	20

主要部位尺寸见表8-2。

表 8-2 主要部位尺寸

序 号	部 位	尺 寸（寸）	尺 寸（cm）
①	衣长	14.1	47
②	臀围	10.2	34
③	胸围	9	30
④	袖根	0.6	2
⑤	中心线	5.1	17
⑥	横开领	3.6	12
⑦	直开领	1.8	6
⑧	肩宽	6	20
⑨	落肩	0.3	1
⑩	衍丈	9.9	33
⑪	袖口	2.94	9.8
⑫	袖肥	4.05	13.5
⑬	前脚口	3.6	12
⑭	股上	4.8	16
⑮	股下	4.2	14
⑯	股上分三份（第一份）	0.6	2
⑰	股上分三份（第二份）	1.95	6.5
⑱	股上分三份（第三份）	2.85	9.5
⑲	后脚口	3	10
⑳	袖长	9.9	33

插肩袖娃娃装样板详见图8-2。

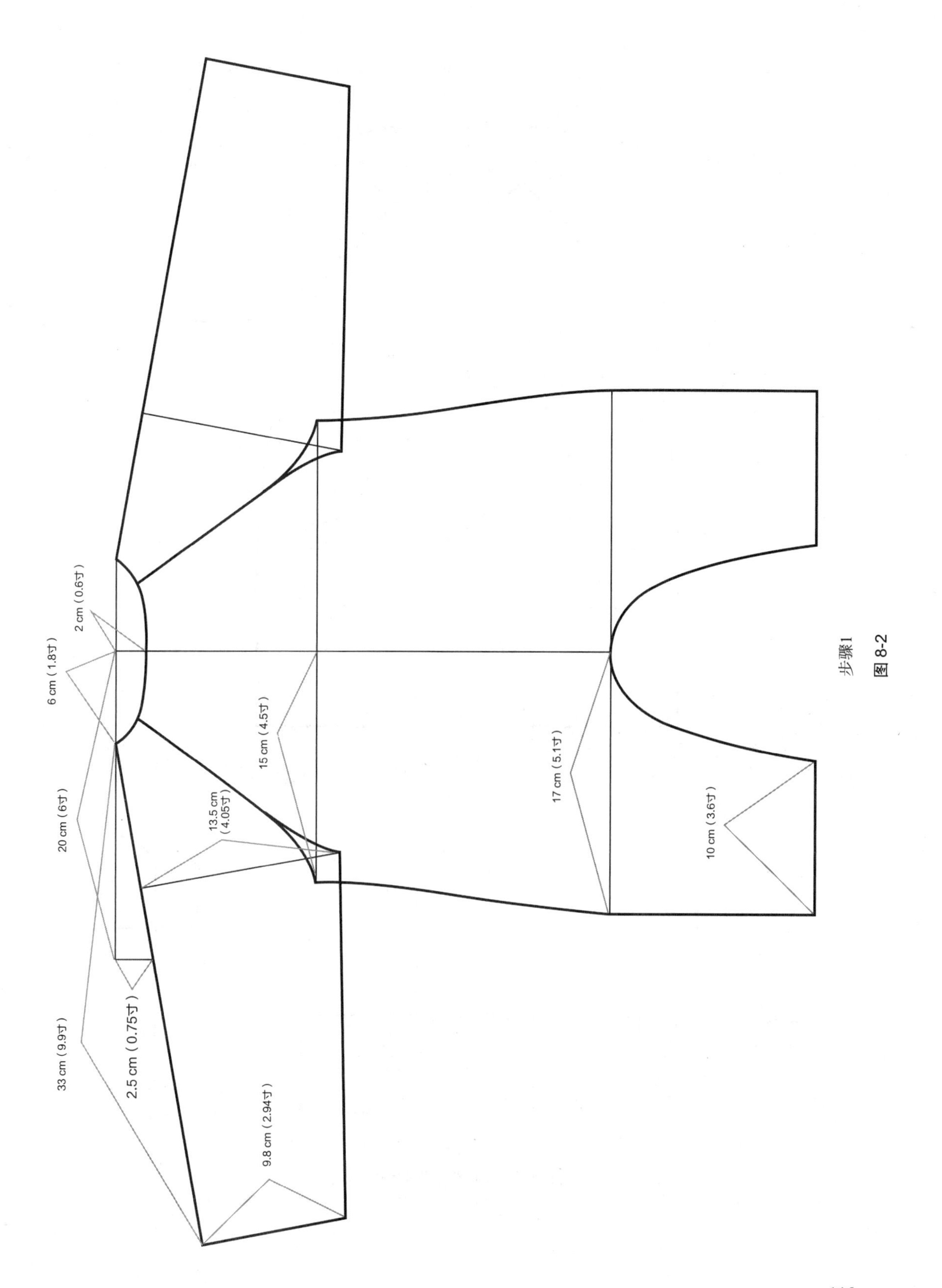
2 cm（0.6寸）
6 cm（1.8寸）
15 cm（4.5寸）
20 cm（6寸）
13.5 cm（4.05寸）
17 cm（5.1寸）
10 cm（3.6寸）
2.5 cm（0.75寸）
33 cm（9.9寸）
9.8 cm（2.94寸）

步骤1

图 8-2

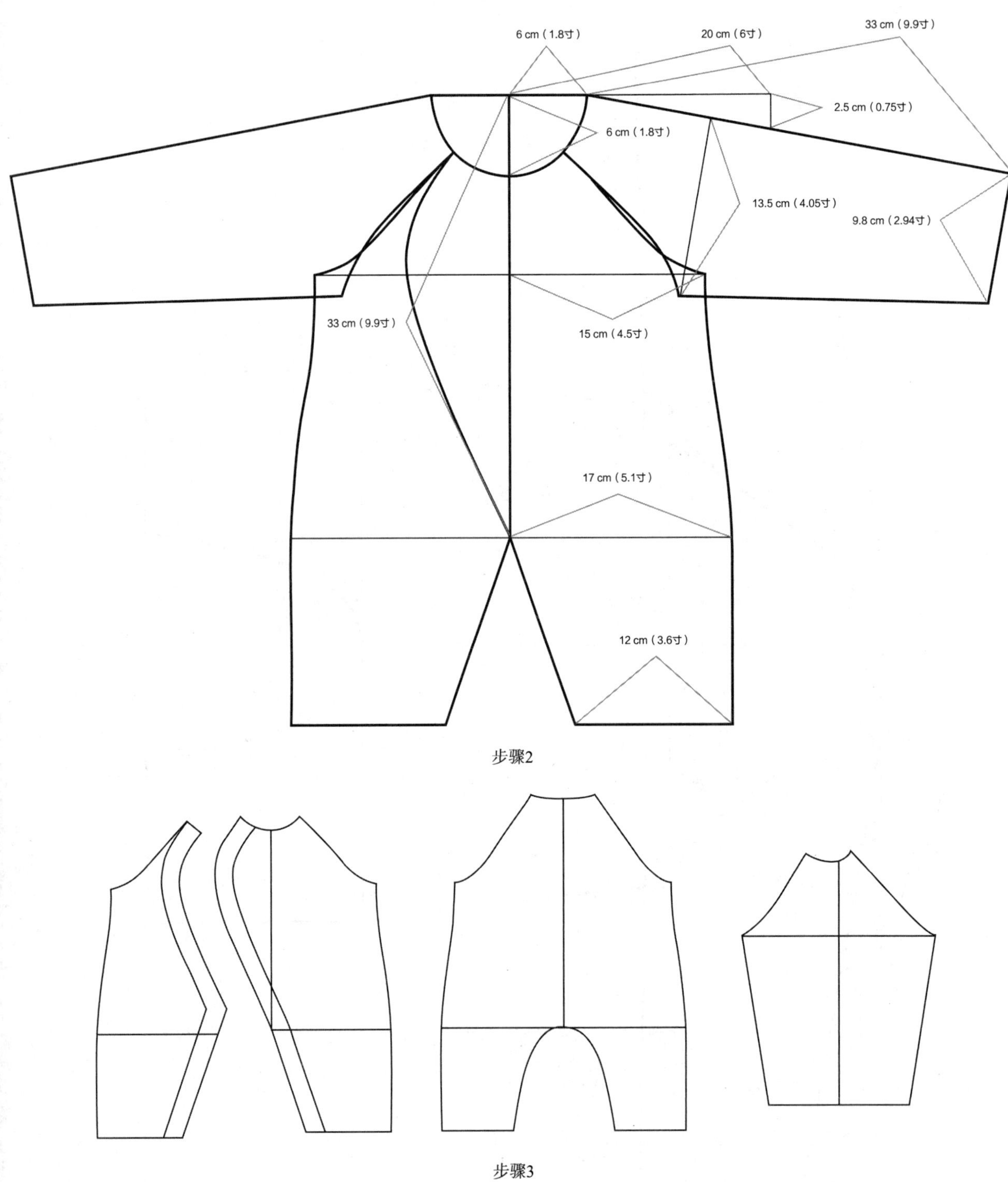

步骤2

步骤3

图 8-2 插肩袖娃娃装样板

8.2 开裆背带裤的裁剪步骤与技巧

开裆背带裤是一种特殊的背带裤款式，其主要特点在于裤子的裆部（即两腿之间的部分）设计为开放式，没有闭合的布料，从而方便婴幼儿在需要时能够轻松处理如厕问题。开裆背带裤样式见图8-3。

图8-3 开裆背带裤

8.2.1 裁剪步骤

（1）测量尺寸

使用尺子或卷尺准确测量穿着者的身高、腰围、臀围、腿长及肩宽等关键尺寸。特别是开裆部分，需要根据穿着者的年龄和实际需求来确定开裆的大小和位置。

（2）选择面料

选择适合的面料，如纯棉、棉麻混纺等，确保面料有足够的弹性和透气性，适合宝宝或需要开裆设计的穿着者。

（3）裁剪前片

根据裁剪图纸，在面料上标记出前片的形状和尺寸，包括裤腿、裤腰和开裆部分。使用剪刀沿着标记线裁剪出前片。

（4）裁剪后片

同样在面料上标记出后片的形状和尺寸，注意后片与前片的对称性和协调性。裁剪出后片，并确保后开裆部分比前开裆部分稍大一些，以适应穿着者的需求。

（5）裁剪背带

根据设计要求，裁剪出两条背带，并确保其长度和宽度符合穿着者的肩宽和舒适度需求。

（6）裁剪零部件

根据需要裁剪出裤腰、裤袢、口袋等零部件。

（7）拼接与缝合

将前片、后片及背带等零部件进行拼接和缝合。在缝合开裆部分时，要特别注意留出足够的空间供穿着者活动，并确保缝合线不会摩擦到穿着者的皮肤。

8.2.2 裁剪技巧

（1）预留余量

在裁剪时要预留一定的余量，以便在后续的缝合和调整中进行修正。特别是开裆部分和裤腿等易磨损部位，要适当增加余量以提高耐用性。

（2）合理设计开裆

开裆的设计要根据穿着者的年龄和实际需求来确定。对婴幼儿来说，开裆部分要足够大以便更换尿布。

（3）细节处理

在缝合过程中要注意细节处理，如裤腰的加固、背带的固定等。这些细节处理可以提高背带裤的耐用性和穿着舒适度。

8.2.3 裁剪范例

成品规格见表8-3。

表 8-3 成品规格

部　位	裤长（L）	腰围（W）	臀围（H）	股上（BR）	股下（IL）	脚口（SB）	胸裆宽
尺寸（寸）	22.35	9.6	20.4	13.2	9.15	4.2	4.5
尺寸（cm）	74.5	32	68	44	30.5	14	15

主要部位尺寸见表8-4。

表 8-4 主要部位尺寸

序　号	部　位	尺　寸（寸）	尺　寸（cm）
①	裤长	22.35	74.5
②	股上	13.2	44
③	股下	9.15	30.5
④	前臀围	4.8	16
⑤	臀高	/	/
⑥	小裆	0.72	2.4
⑦	烫迹线	2.76	9.2
⑧	上口距胸裆宽	2.7	9
⑨	前胸裆高	3.75	12.5
⑩	前胸裆宽	4.8	16
⑪	前胸档上口宽	4.5	15
⑫	前脚口宽	4.2	14
⑬	后臀围	5.4	18
⑭	大裆宽	2.04	6.8
⑮	后切替	6.45	21.5
⑯	后脚口	4.2	14
⑰	背带长	4.98	16

开裆背带裤样板详见图8-4。

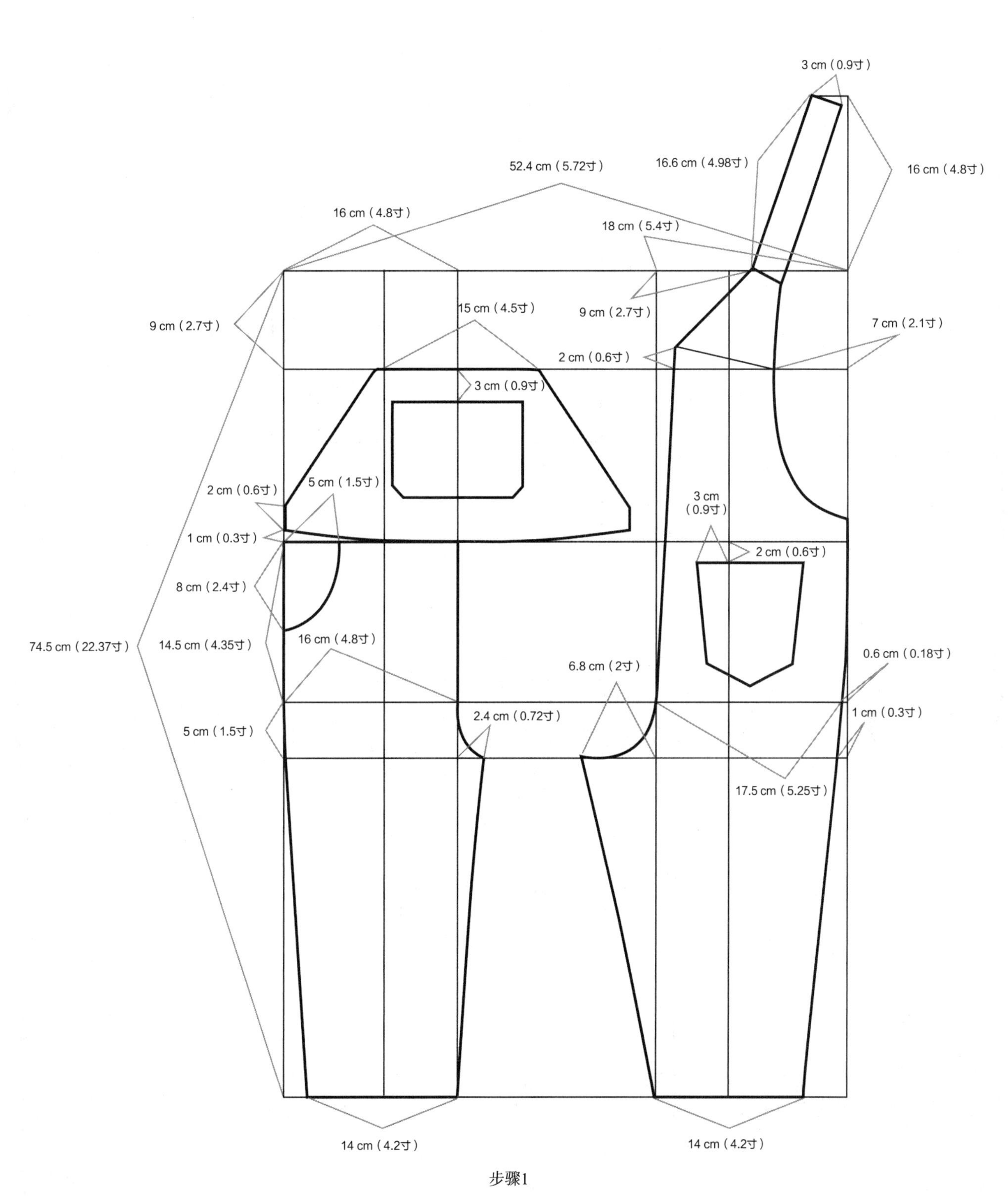
3 cm（0.9寸）
16.6 cm（4.98寸）
16 cm（4.8寸）
52.4 cm（5.72寸）
16 cm（4.8寸）
18 cm（5.4寸）
9 cm（2.7寸）
15 cm（4.5寸）
9 cm（2.7寸）
7 cm（2.1寸）
2 cm（0.6寸）
3 cm（0.9寸）
5 cm（1.5寸）
2 cm（0.6寸）
3 cm
（0.9寸）
1 cm（0.3寸）
2 cm（0.6寸）
8 cm（2.4寸）
74.5 cm（22.37寸）
14.5 cm（4.35寸）
16 cm（4.8寸）
6.8 cm（2寸）
0.6 cm（0.18寸）
2.4 cm（0.72寸）
1 cm（0.3寸）
5 cm（1.5寸）
17.5 cm（5.25寸）
14 cm（4.2寸）
14 cm（4.2寸）

步骤1

图 8-4

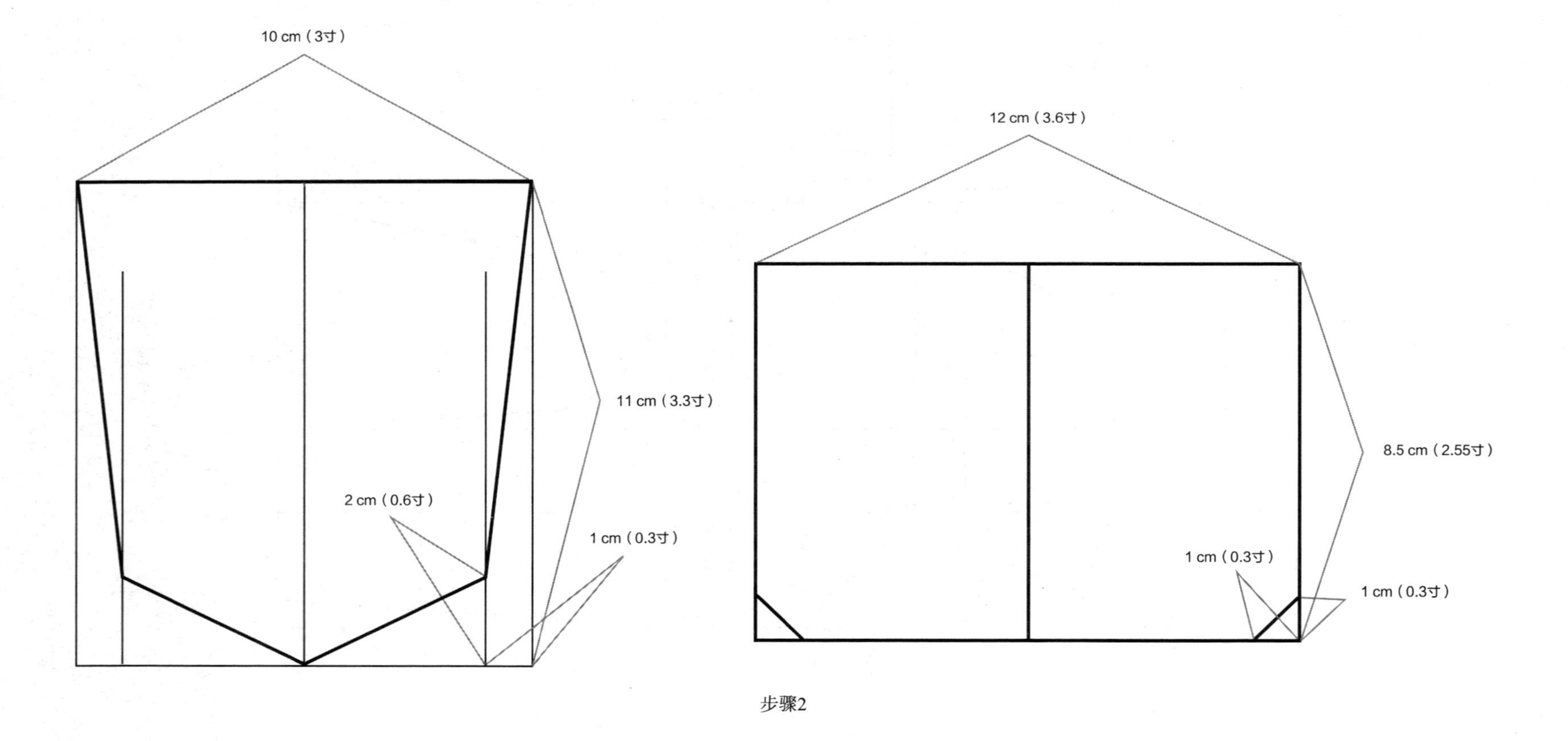
10 cm（3寸）
11 cm（3.3寸）
2 cm（0.6寸）
1 cm（0.3寸）
12 cm（3.6寸）
8.5 cm（2.55寸）
1 cm（0.3寸）
1 cm（0.3寸）

步骤2

步骤3

图 8-4　开裆背带裤样板

8.3 儿童多开片直筒裤的裁剪步骤与技巧

儿童多开片直筒裤是专为儿童设计的一种裤子款式，结合了多开片裁剪和直筒裤的特点。这种裤子在裁剪时采用多个片状的布料拼接而成，同时保持裤筒的直线形设计，即裤腿没有太大的曲线变化，整体呈现出简洁、大方的视觉效果。儿童多开片直筒裤样式见图8-5。

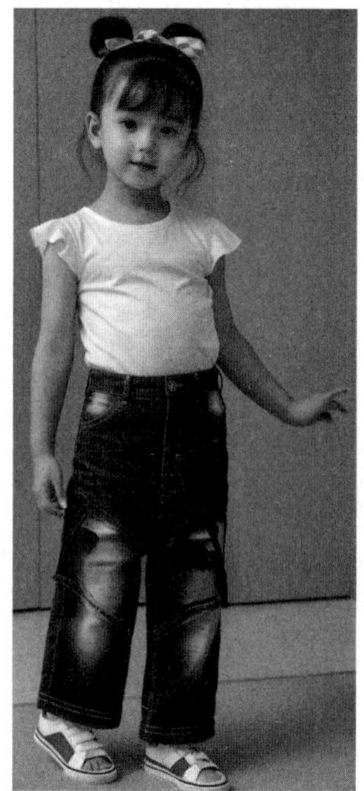

图 8-5 儿童多开片直筒裤

8.3.1 裁剪步骤

（1）测量尺寸

使用软尺准确测量儿童的腰围、臀围、大腿围、裤长等关键尺寸，以确保裁剪出的直筒裤合身、舒适。

（2）绘制裁剪图

根据测量得到的尺寸，结合直筒裤的款式设计，绘制裁剪图。由于是多开片设计，裁剪图将包括前片、后片，以及可能存在的侧片或其他分片。

裁剪图应详细标注各片的位置、尺寸和缝合线，以确保在裁剪和缝制过程中能够准确无误。

（3）裁剪布料

将选定的布料平铺在裁剪台上，按照裁剪图上的指示将布料裁剪成相应的形状和尺寸。注意在裁剪时要预留出足够的缝份，以便在后续缝制过程中折叠和缝合。

（4）拼接与缝制

将裁剪好的布料片按照裁剪图的指示进行拼接。通常先缝合侧缝和前后片的裆部，再缝合裤腰和裤腿部分。

8.3.2 裁剪技巧

（1）合理安排拼接顺序

在拼接各片时，要合理安排拼接顺序。通常先拼接侧缝和裆部等关键部位，再拼接其他部分。这样可以确保在缝制过程中保持裤子的整体形状和稳定性。

（2）适应儿童体型

裁剪直筒裤时要充分考虑儿童的体型特点，如儿童的腰部较细、臀围较大等，需要在裁剪过程中进行适当的调整和修改。同时，要注意裤子的长度和宽度应符合儿童的身高和体型要求。

8.3.3 裁剪范例

成品规格见表8-5。

表 8-5　成品规格

部　位	裤长（L）	臀围（H）	裤口（C）
尺　寸（寸）	21.6	24	5.1
尺　寸（cm）	72	80	17

主要部位尺寸见表8-6。

表 8-6　主要部位尺寸

序　号	部　位	尺　寸（寸）	尺　寸（cm）
①	前裤片长	20.7	69
②	横档线	6	20
③	臀围宽	6	20
④	小裆宽	0.9	3
⑤	前裤口宽	4.8	16
⑥	后裤片长	20.7	69
⑦	大裆宽	2.4	8
⑧	后裤口宽	5.4	18
⑨	腰带长	22.8	76
⑩	腰带宽	0.9	3
⑪	贴袋长	3	10
⑫	贴袋宽	3.3	11
⑬	裤袢	1.2 × 0.3	4 × 1

儿童多开片直筒裤样板详见图8-6。

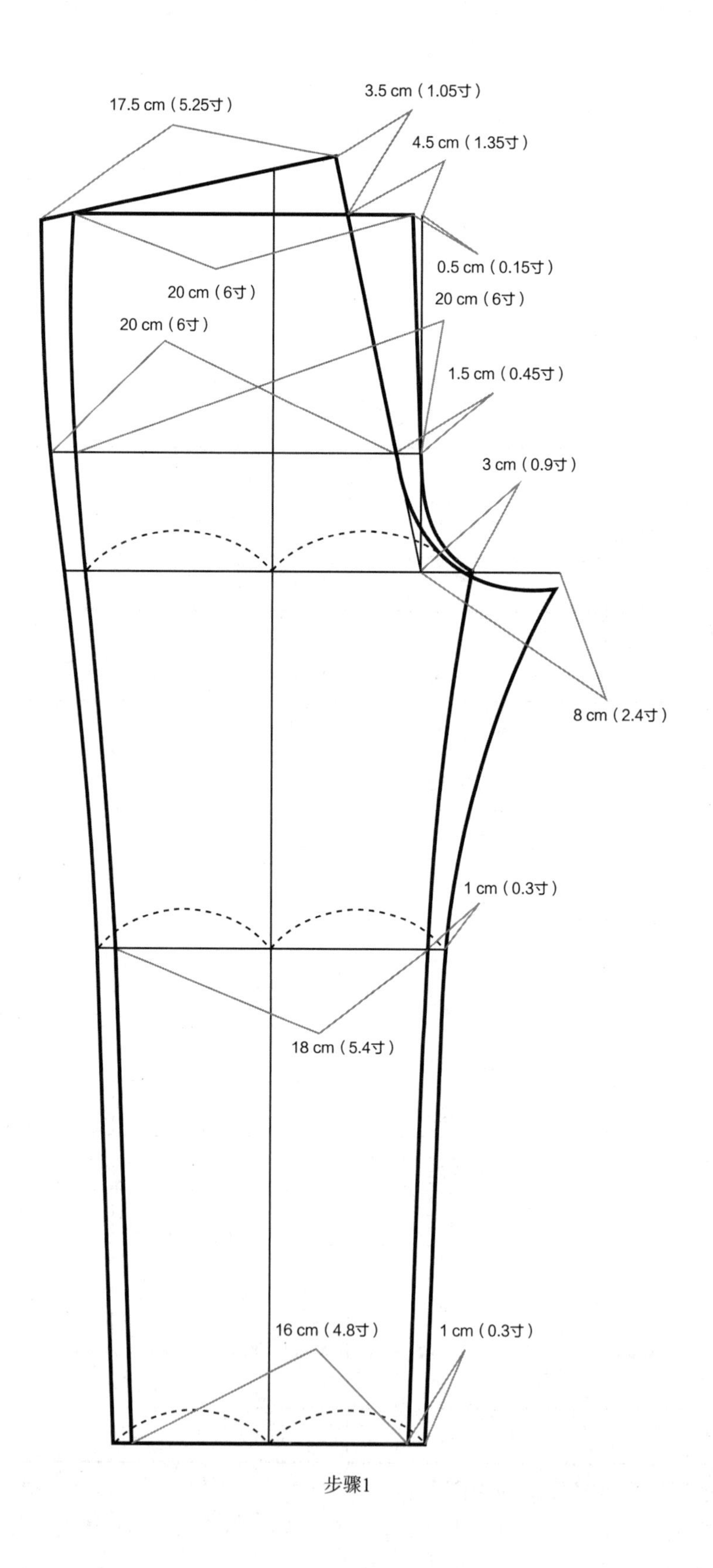
17.5 cm（5.25寸）
3.5 cm（1.05寸）
4.5 cm（1.35寸）
0.5 cm（0.15寸）
20 cm（6寸）
20 cm（6寸）
20 cm（6寸）
1.5 cm（0.45寸）
3 cm（0.9寸）
8 cm（2.4寸）
1 cm（0.3寸）
18 cm（5.4寸）
16 cm（4.8寸）
1 cm（0.3寸）

步骤1

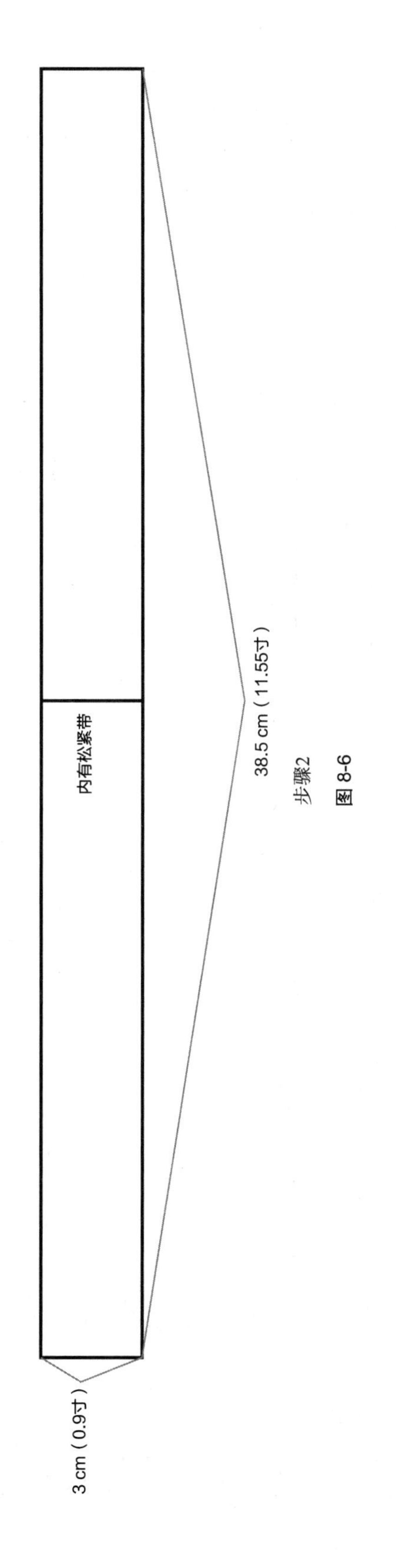

步骤2

图 8-6

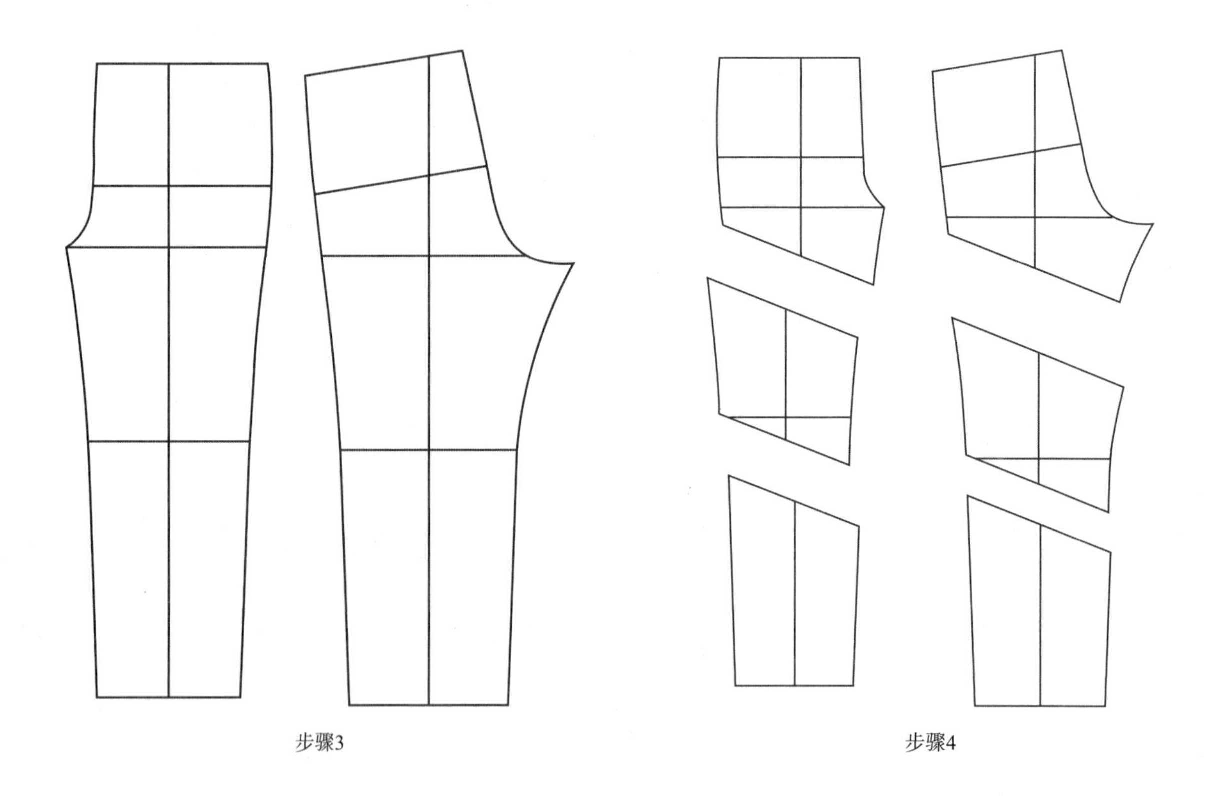

步骤3　　　　步骤4

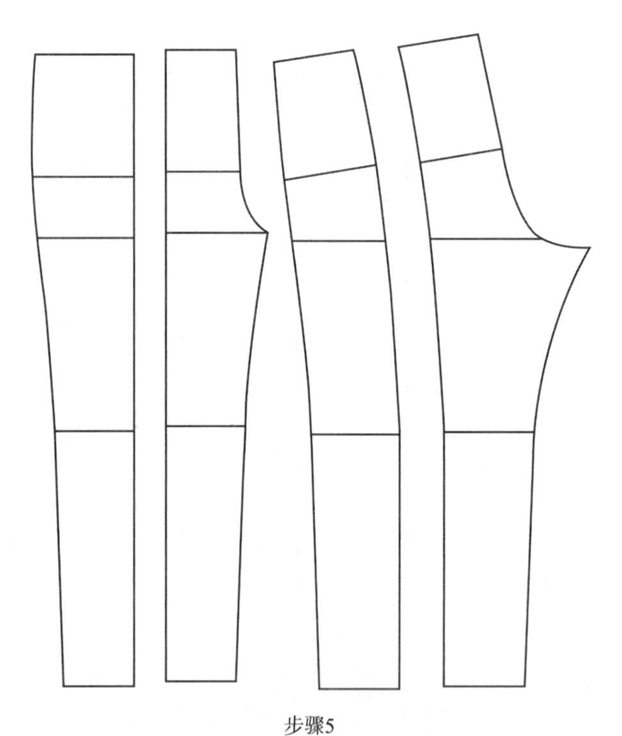

步骤5

图 8-6　儿童多开片直筒裤样板

8.4 抽褶连衣裙的裁剪步骤与技巧

抽褶连衣裙是指在连衣裙的某个或多个部位采用抽褶工艺进行设计的服装。抽褶，也称为缩褶，通过对面料进行特定的折叠、缝合或抽紧处理，使面料形成有规律的褶皱效果。抽褶连衣裙样式见图8-7。

图 8-7　抽褶连衣裙

8.4.1 裁剪步骤

（1）测量尺寸

准确测量儿童的身高、胸围、腰围、臀围及肩宽等关键尺寸。

（2）选择面料

选择适合儿童穿着的面料，如纯棉、棉麻混纺等，这些面料柔软舒适，透气性好。确保面料颜色鲜艳、图案可爱，符合儿童的审美需求。

（3）设计款式

确定连衣裙的款式和风格，包括裙长、袖长、领型，以及抽褶的位置和数量等。设计师可以先在纸上绘制裁剪图纸，明确各个部分的尺寸和形状。

（4）裁剪裙身

根据裁剪图纸，在面料上标记出裙身的形状和尺寸，包括前、后片以及侧缝等。使用剪刀沿着标记线裁剪出裙身部分。

（5）裁剪袖子和领子（如果设计有袖子和领子）

在面料上标记出袖子和领子的形状和尺寸。裁剪出袖子和领子部分，并确保它们与裙身的尺寸和形状相匹配。

（6）制作抽褶

在裙身或需要抽褶的部位进行抽褶处理，可以使用缝纫机或手工针线来完成。抽褶时要控制好褶皱的密度和宽度，确保抽褶效果自然、美观。

（7）拼接与缝合

将裙身的前、后片进行拼接，并缝合侧缝。如果设计有袖子和领子，则将它们与裙身进行缝合。

8.4.2 裁剪技巧

（1）预留余量

在裁剪时要预留一定的余量，以便在后续的缝合和调整中进行修正。特别是对儿童连衣裙来说，由于儿童成长较快，预留余量可以确保连衣裙能够穿得更久一些。

（2）合理设计抽褶

抽褶的设计要根据连衣裙的款式和风格来确定。合理的抽褶可以为连衣裙增添层次感和立体感，使穿着效果更加出色。但是要注意不要过度抽褶，以免影响穿着的舒适度。

8.4.3 裁剪范例

成品规格见表8-7。

表 8-7　成品规格

部　　位	衣长（L）	胸围（B）	肩宽（S）	领围（N）	袖长（SL）	领高（CSH）
尺寸（寸）	16.2	16.2	6	7.2	5.1	0.9
尺寸（cm）	54	54	20	24	17	3

主要部位尺寸见表8-8。

表 8-8　主要部位尺寸

序　　号	部　　位	尺　　寸（寸）	尺　　寸（cm）
①	前衣长	15.75	52.5
②	肩高	0.45	1.5
③	前领口深	1.59	5.3
④	前袖窿深	4.44	14.8
⑤	前领口宽	1.44	4.8
⑥	肩宽	3	10
⑦	冲肩	0.45	1.5
⑧	前胸围	4.05	13.5
⑨	后衣长	16.2	54
⑩	后领深	0.45	1.5
⑪	叠门宽	0.45	1.5
⑫	后领口宽	1.44	4.8
⑬	褶量	1.5	5
⑭	袖长	5.1	17
⑮	袖山高	1.8	6
⑯	领口抽带长	12	40

抽褶连衣裙样板详见图8-8。

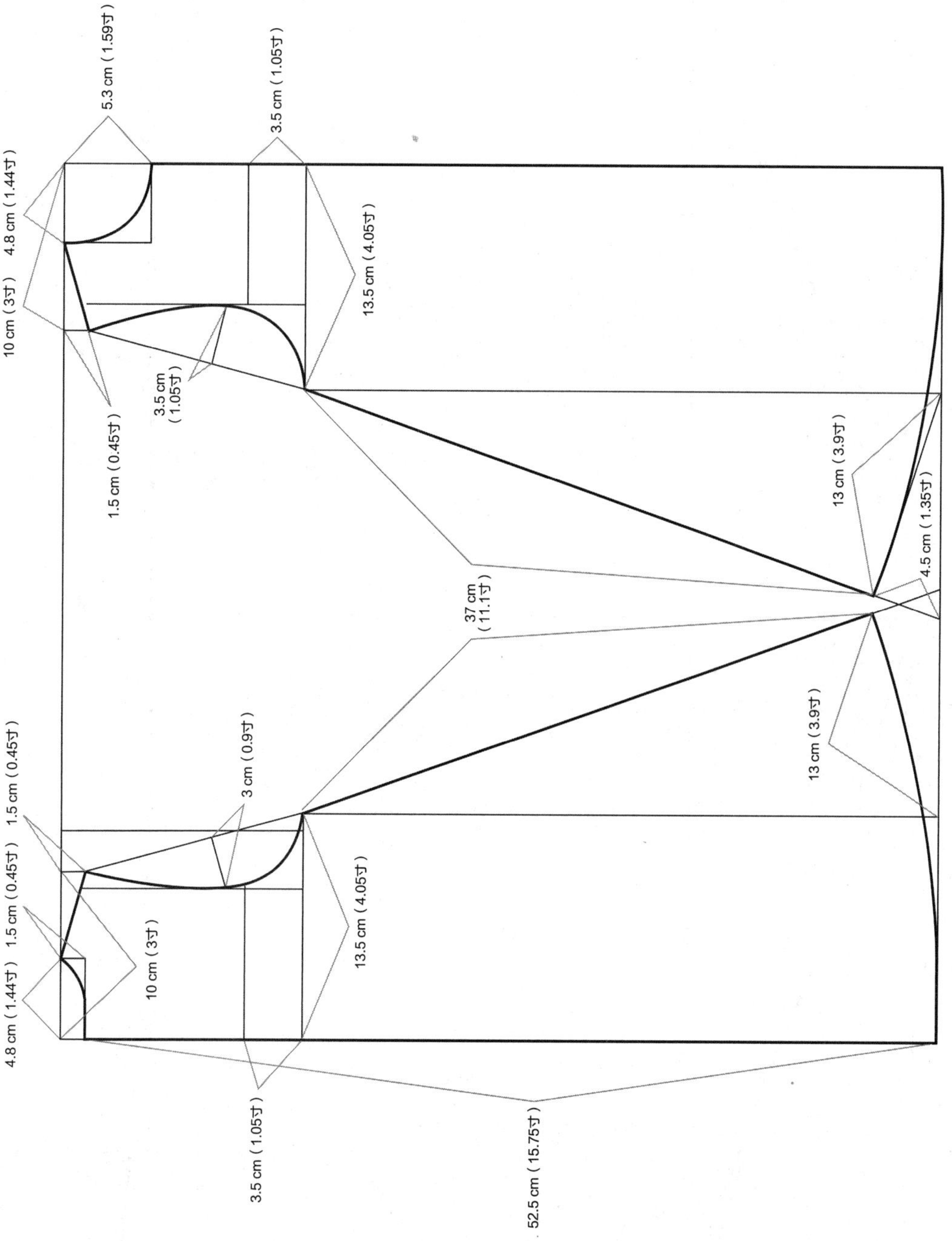

5.3 cm（1.59寸）
3.5 cm（1.05寸）
4.8 cm（1.44寸）
13.5 cm（4.05寸）
10 cm（3寸）
3.5 cm（1.05寸）
1.5 cm（0.45寸）
13 cm（3.9寸）
1.35 cm（4.5寸）
37 cm（11.1寸）
13 cm（3.9寸）
3 cm（0.9寸）
1.5 cm（0.45寸）
1.5 cm（0.45寸）
1.5 cm（0.45寸）
10 cm（3寸）
13.5 cm（4.05寸）
4.8 cm（1.44寸）
3.5 cm（1.05寸）
52.5 cm（15.75寸）

步骤1

图 8-8

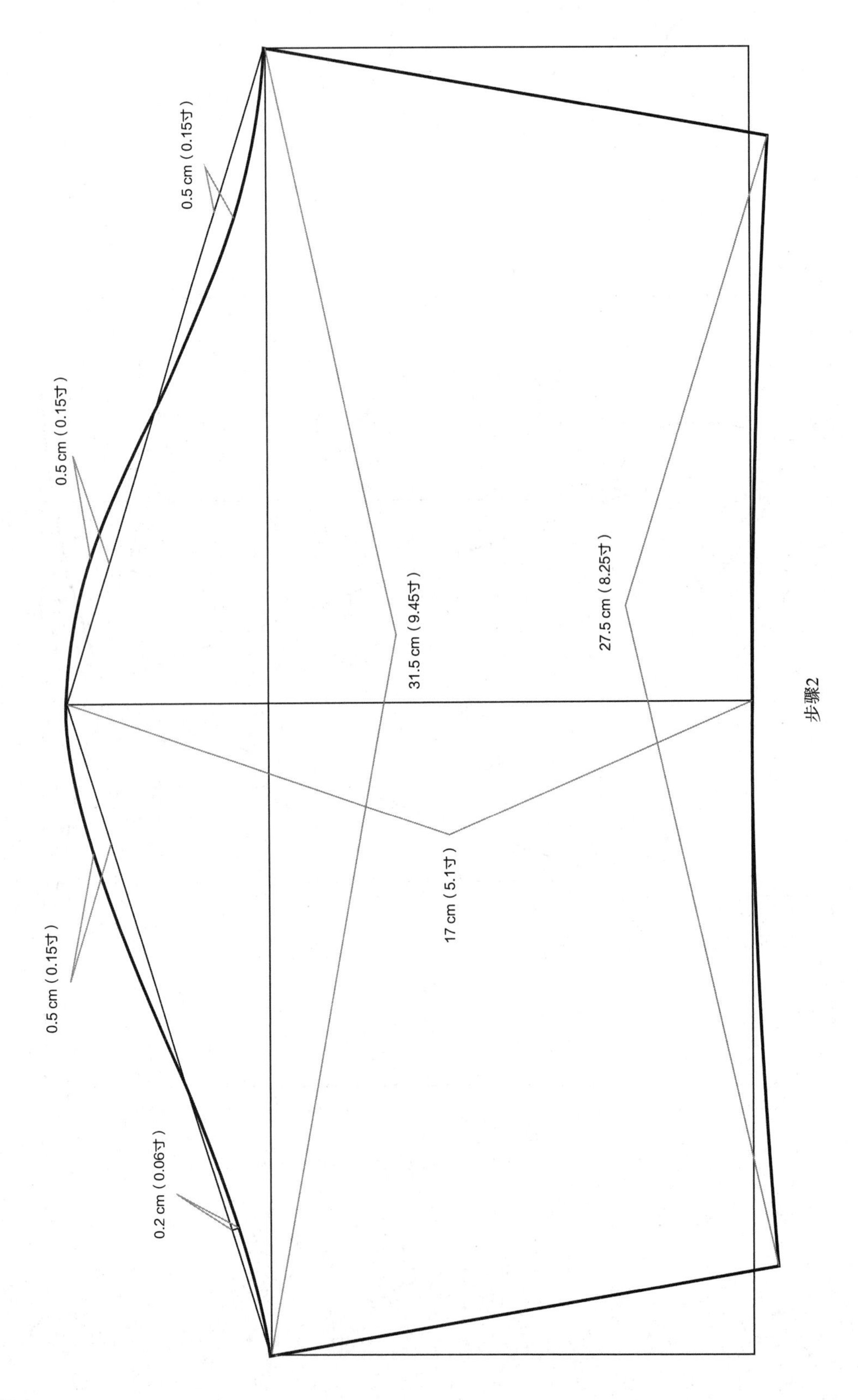
0.5 cm（0.15寸）
0.5 cm（0.15寸）
0.5 cm（0.15寸）
0.2 cm（0.06寸）
31.5 cm（9.45寸）
27.5 cm（8.25寸）
17 cm（5.1寸）

步骤2

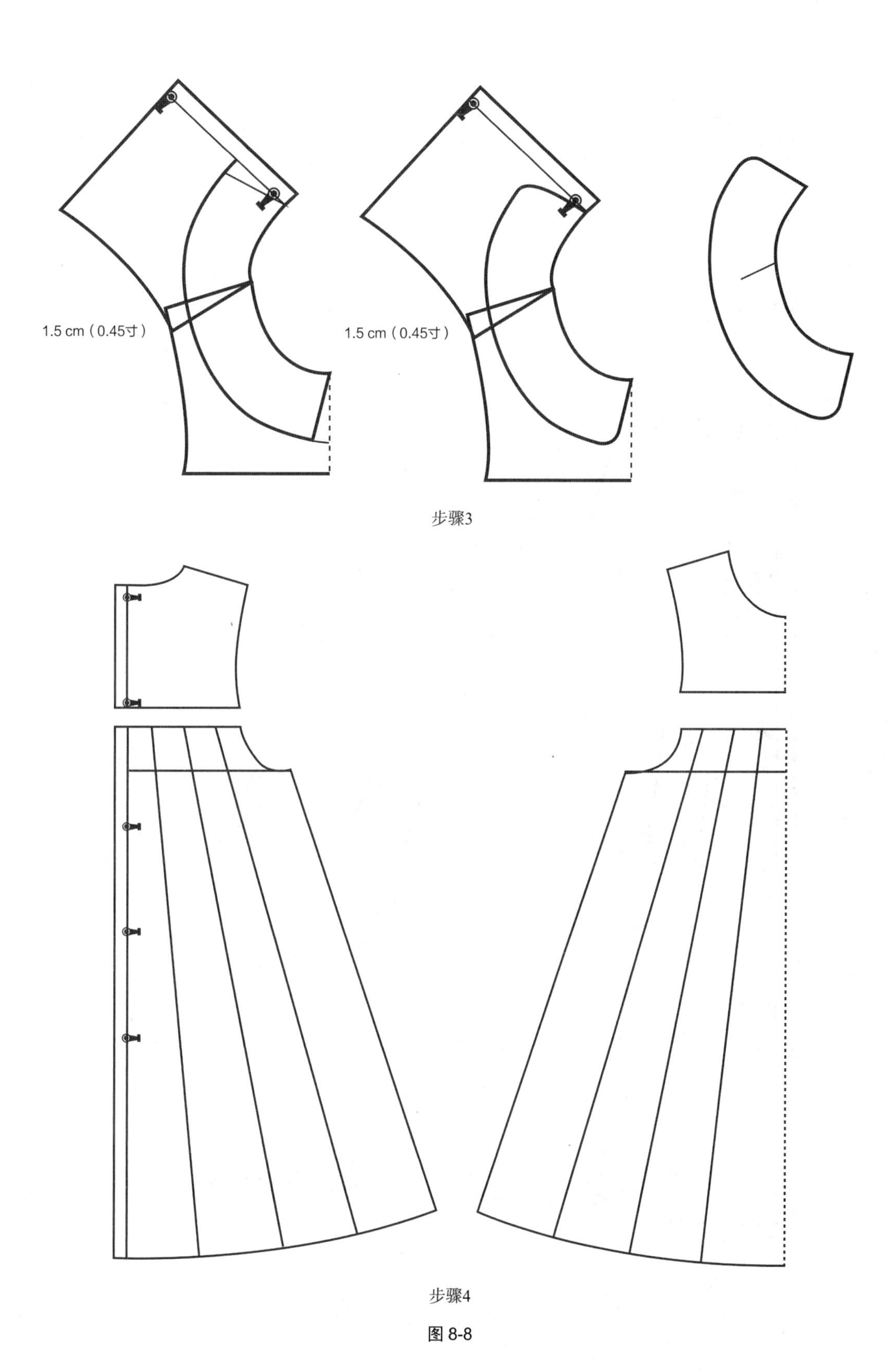

步骤3

步骤4

图 8-8

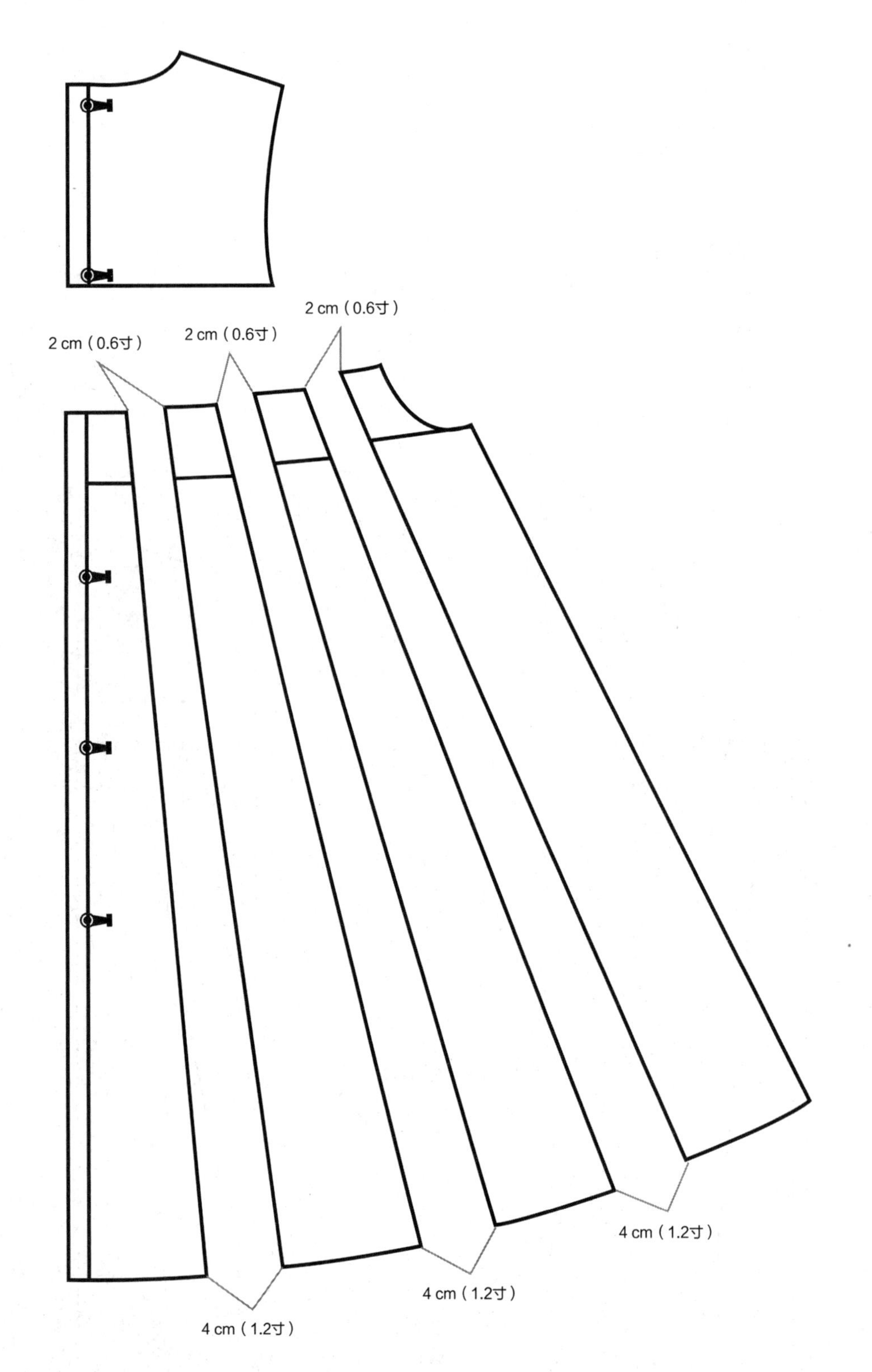

步骤5

步骤6

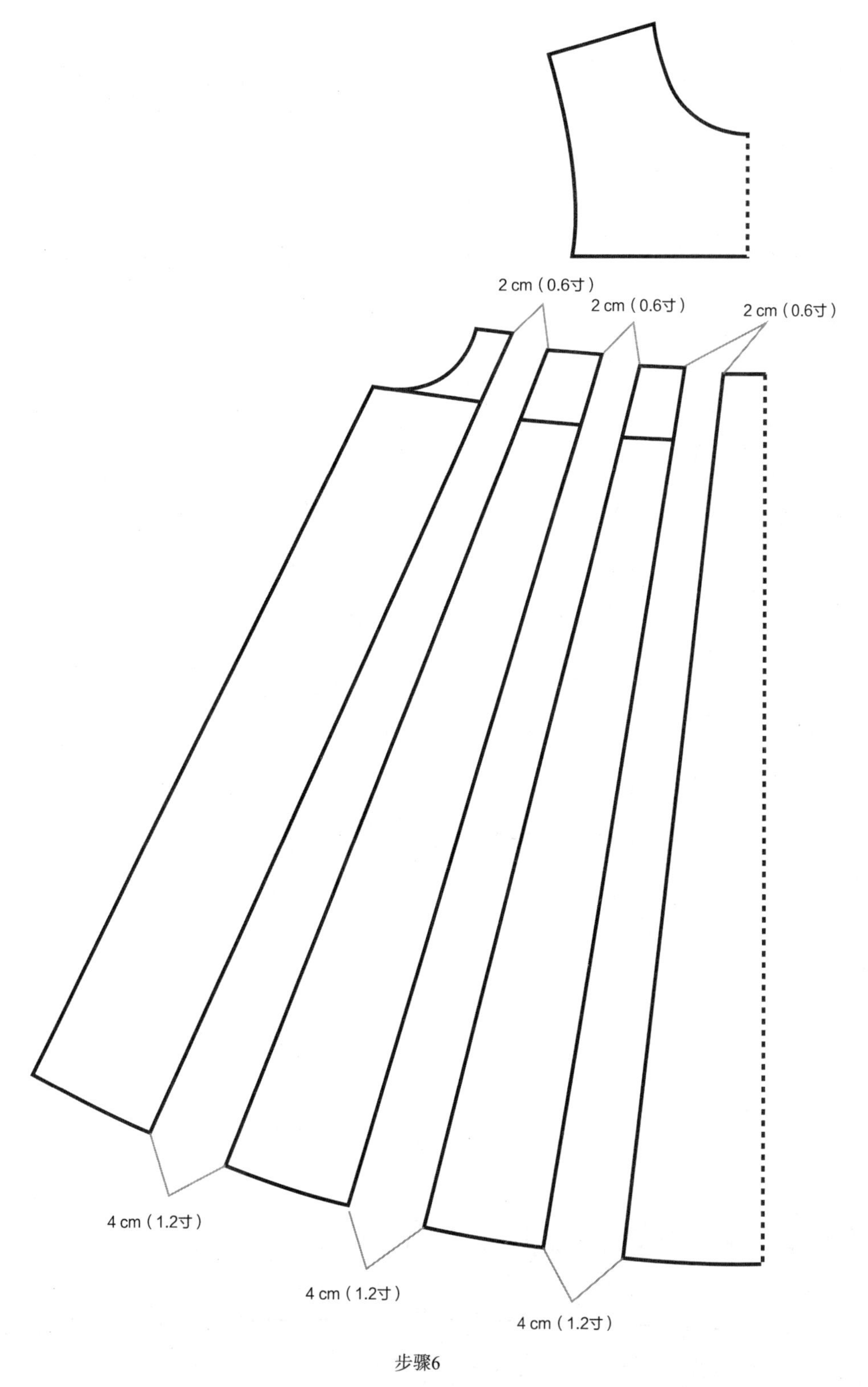

步骤6

图 8-8

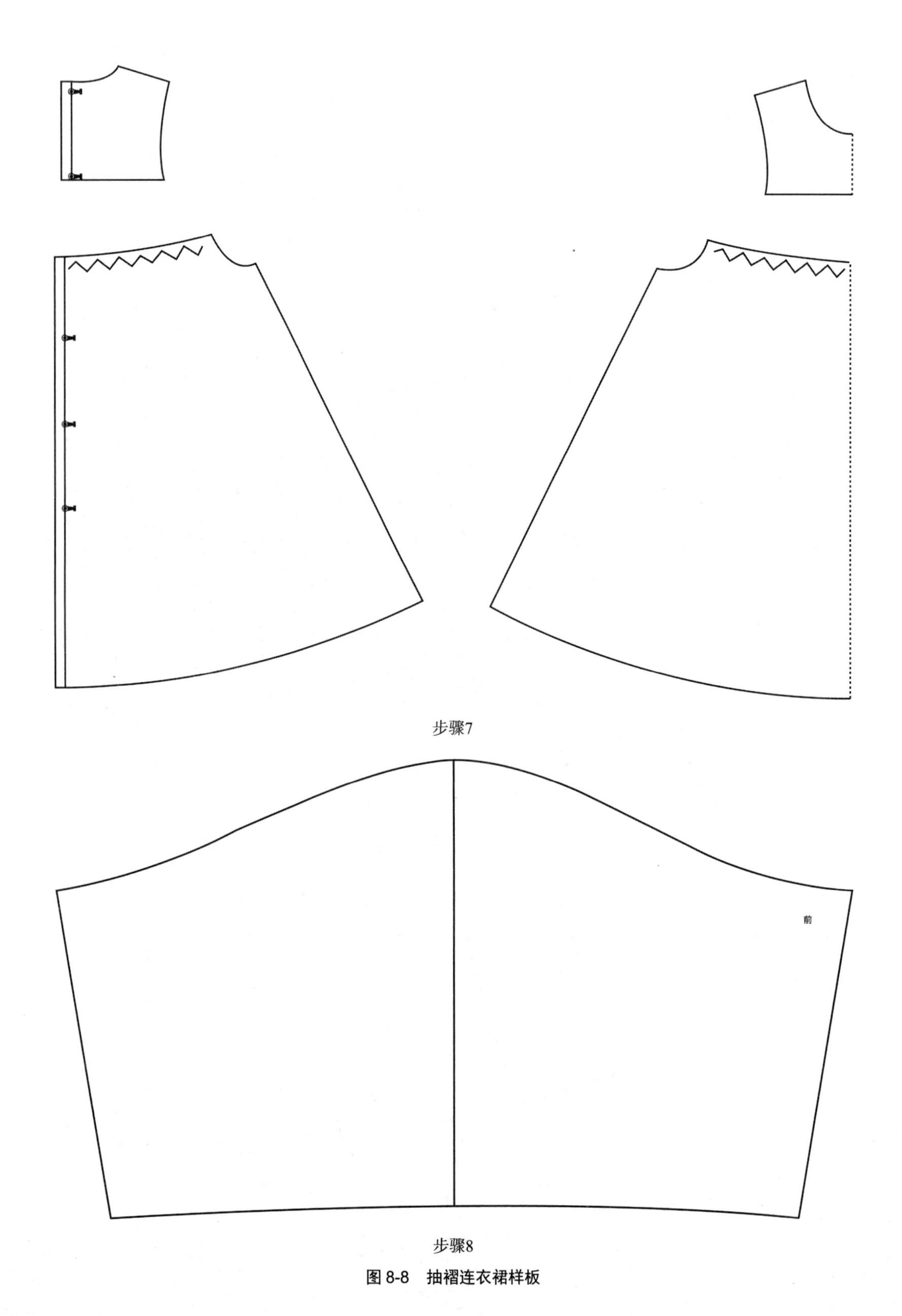

步骤7

步骤8

图 8-8　抽褶连衣裙样板

8.5 多层褶裙的裁剪步骤与技巧

多层褶裙的特点在于裙身由多层布料堆叠而成，并通过特定的工艺处理，在裙摆处形成规则或不规则的褶皱效果。这种设计不仅增加了裙子的层次感和立体感，还使得穿着的儿童在行走或活动时展现出更加灵动和活泼的姿态。多层褶裙样式见图8-9。

图 8-9　多层褶裙

8.5.1 裁剪步骤

（1）测量尺寸

准确测量儿童的腰围、臀围及期望的裙长，这些尺寸将作为裁剪的基础。

（2）选择布料

根据季节、款式和儿童喜好选择合适的布料。多层褶裙通常选用轻盈、飘逸的面料，如棉布、纱或丝绸等。

（3）绘制裁剪图

先绘制出裙子的基本版型，包括前、后片（如果设计有前、后之分）和裙摆部分。随后根据裙子的设计风格和布料的特性，确定每层褶的宽度和数量。通常，多层褶裙的褶量比较大，以达到蓬松、立体的效果。最后，在裁剪图上绘制出褶线的位置，确保褶线均匀分布且符合设计要求。

（4）裁剪布料

按照裁剪图上的指示，将布料裁剪成相应的裙片。然后在裁剪好的裙片上用记号笔或水洗笔标记出褶线的位置，以便后续缝制时能够准确对齐。

（5）缝制褶边

将裙片按照标记的褶线进行折叠，并用大头针或夹子固定褶边。确保褶边整齐、均匀且符合设计要求，并使用缝纫机或手工针线将褶边缝合固定。

（6）拼接裙片

将裙片的侧缝进行拼接缝合。如果裙子设计有前、后片之分，还需要将前、后片的裆部进行拼接。同时，将裙摆部分按照设计要求进行拼接缝合。如果裙子设计有多层褶边或蕾丝等装饰物，也需要在这一步进行拼接和固定。

（7）缝制裙腰

根据儿童的腰围尺寸裁剪出裙腰部分，然后将裙腰与裙身进行缝合固定。

8.5.2 裁剪技巧

（1）预留足够的缝份和褶量

在裁剪布料时要预留出足够的缝份和褶量，以确保后续缝制的顺利进行和裙子的最终效果。

（2）保持褶边整齐均匀

在缝制褶边时要保持褶边的整齐和均匀性，以确保裙子的美观度和穿着的舒适度。

（3）注意裙腰与裙身的平整度和对齐度

在缝合裙腰时，要特别注意裙腰与裙身的平整度和对齐度，以确保裙子的整体效果和质量。

8.5.3 裁剪范例

成品规格见表8-9。

表 8-9 成品规格

部　位	裙长（L）	胸围（B）	腰头宽（WW）
尺寸（寸）	15.3	17.4	0.9
尺寸（cm）	51	58	3

主要部位尺寸见表8-10。

表 8-10 主要部位尺寸

序　号	部　位	尺　寸（寸）	尺　寸（cm）
①	前裙长	14.4	48
②	前腰宽	4.35	14.5
③	后裙长	14.4	48
④	后腰宽	4.35	14.5
⑤	后中心下落	0.21	0.7
⑥	腰头长	18.3	61
⑦	腰头宽	0.9	3

多层褶裙样板详见图8-10。

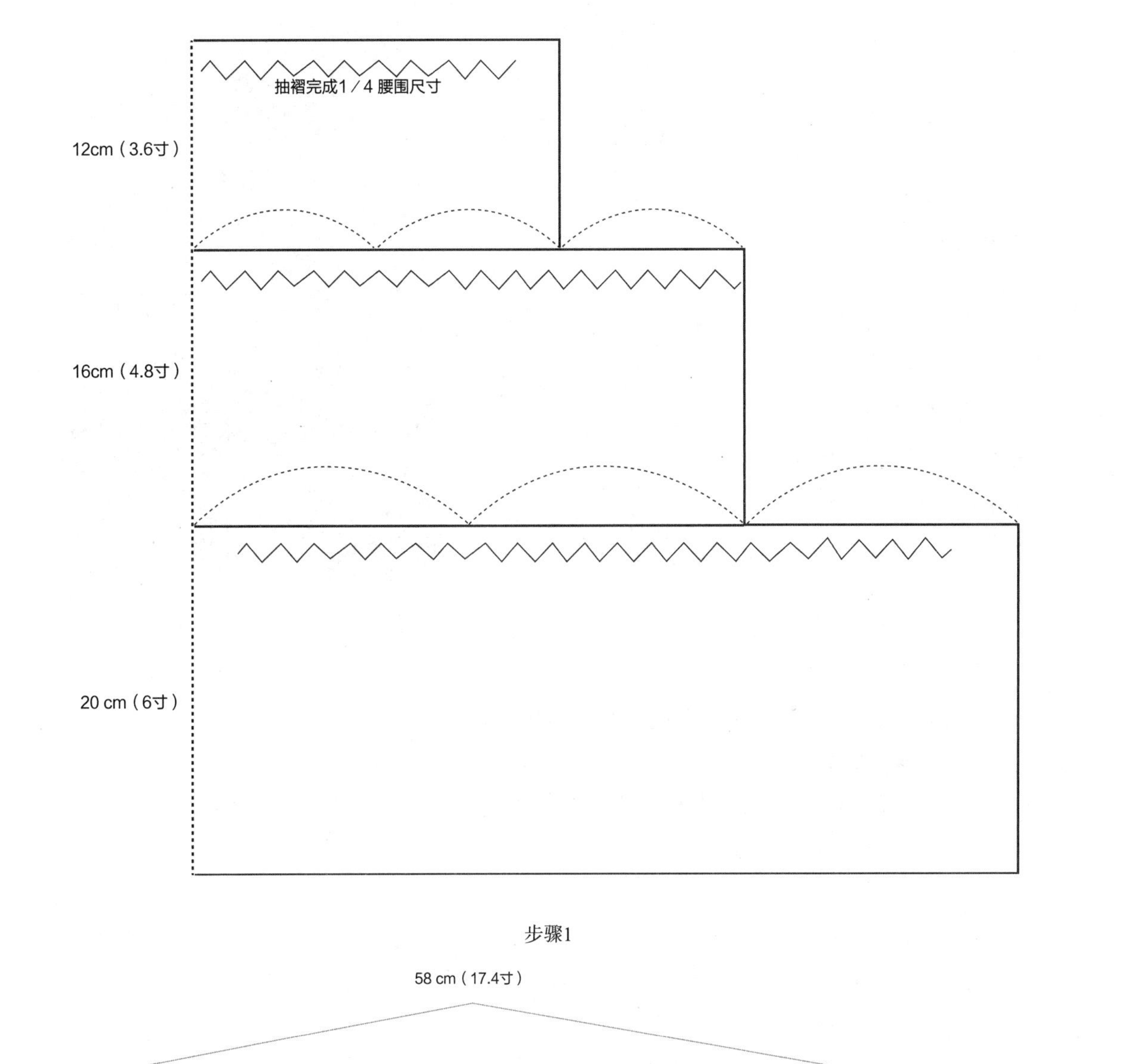

步骤1

58 cm（17.4寸）

3 cm（0.9寸）

步骤2

图 8-10　多层褶裙样板

8.6 无领插肩袖衬衫的裁剪步骤与技巧

无领插肩袖衬衫，即无领前开门设计，插肩袖便于手臂活动，适合3～9个月的婴儿穿着。无领插肩袖衬衫样式见图8-11。

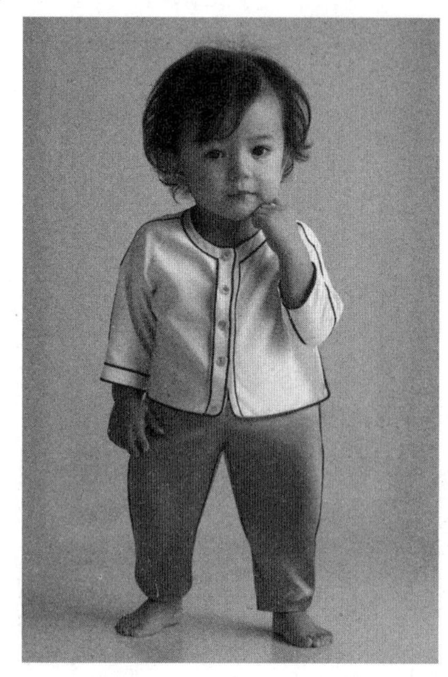

图 8-11 无领插肩袖衬衫

8.6.1 裁剪步骤

（1）测量尺寸

使用尺子或卷尺准确测量儿童的身高、胸围、肩宽、袖长等关键尺寸。

（2）设计款式

确定无领插肩袖衬衫的款式，包括衣长、袖长、衣身宽度，以及插肩袖的设计等。设计师可以先在纸上绘制裁剪图纸，明确各个部分的尺寸和形状。

（3）裁剪衣身

根据裁剪图纸，在面料上标记出衣身的形状和尺寸，包括前片、后片及侧缝等。使用剪刀沿着标记线裁剪出衣身部分。

（4）裁剪袖子

插肩袖的裁剪相对复杂，需要确保袖子与衣身的连接处自然、流畅。在面料上标记出袖子的形状和尺寸，特别注意袖子的长度和宽度要与衣身相匹配。

（5）制作插肩袖

插肩袖的设计要点在于袖子与衣身的连接处。通常需要在衣身上画出插肩袖的线条，并确定袖子的倾斜角度和高度。

根据插肩袖的设计要求，将袖子与衣身进行拼接。拼接时要注意对齐各个部分，确保连接处平整无皱褶。

（6）拼接与缝合

将衣身的前、后片进行拼接，并缝合侧缝。将袖子与衣身进行缝合，确保插肩袖的设计得到完美呈现。

8.6.2　裁剪技巧

（1）预留余量

在裁剪时要预留适当的余量，以便在后续的缝合和调整中进行修正。特别是儿童衬衫，由于儿童成长较快，预留余量可以确保衬衫能够穿得更久一些。

（2）合理设计插肩袖

插肩袖的设计要根据儿童的身形特点和穿着需求来确定。合理的插肩袖设计可以为衬衫增添时尚感和运动感，同时确保穿着的舒适度和活动自如。

8.6.3　裁剪范例

成品规格见表8-11。

表 8-11　成品规格

部　位	背长（BL）	胸围（B）	肩宽（S）	领围（N）	袖长（SL）	臀高（HH）	袖口（CW）
尺寸（寸）	5.4	17.4	6.9	7.35	5.4	2.7	4.8
尺寸（cm）	18	58	23	24.5	18	9	16

主要部位尺寸见表8-12。

表 8-12　主要部位尺寸

序　号	部　位	尺　寸（寸）	尺　寸（cm）
①	前衣长	9.45	31.5
②	前肩高	0.6	2
③	前领口深	1.5	5.2
④	前袖窿深	4.68	15.6
⑤	叠门宽	0.3	1
⑥	前领口宽	1.5	5
⑦	前肩宽	3.45	11.5
⑧	前冲肩	0.6	2
⑨	前胸围	4.35	14.5
⑩	后衣长	9.45	31.5
⑪	后领深	0.3	1
⑫	后肩高	0.6	2
⑬	后袖窿深	4.68	15.6
⑭	后领口宽	1.5	5
⑮	后肩宽	3.45	11.5
⑯	后冲肩	0.6	2
⑰	后胸围	4.35	14.5
⑱	袖长	7.5	25
⑲	袖口	3.75	12.5

无领插肩袖衬衫样板详见图8-12。

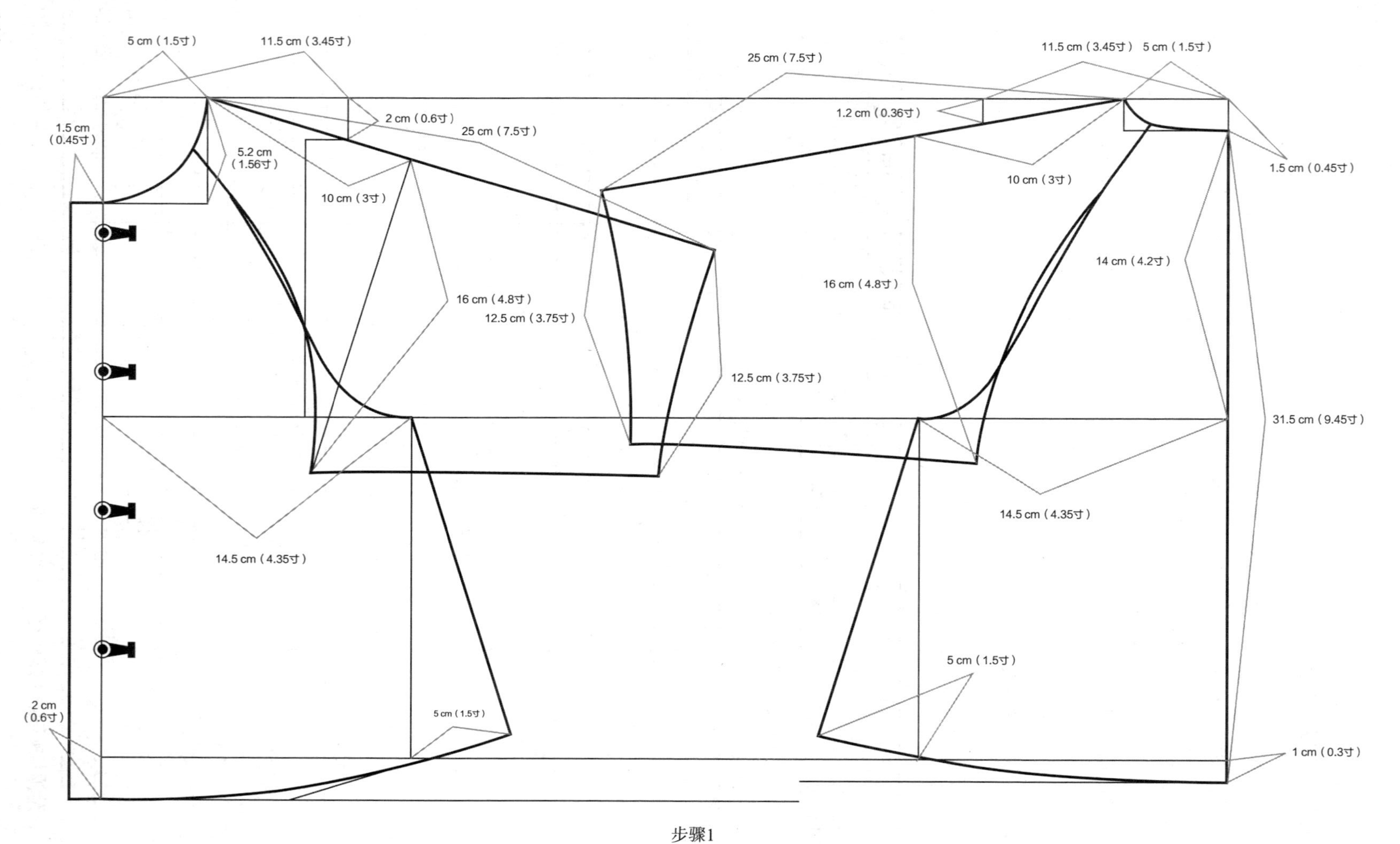
5 cm（1.5寸）
11.5 cm（3.45寸）
1.5 cm（0.45寸）
5.2 cm（1.56寸）
2 cm（0.6寸）
25 cm（7.5寸）
10 cm（3寸）
16 cm（4.8寸）
12.5 cm（3.75寸）
14.5 cm（4.35寸）
5 cm（1.5寸）
2 cm（0.6寸）
25 cm（7.5寸）
1.2 cm（0.36寸）
12.5 cm（3.75寸）
16 cm（4.8寸）
11.5 cm（3.45寸）
5 cm（1.5寸）
1.5 cm（0.45寸）
10 cm（3寸）
14 cm（4.2寸）
31.5 cm（9.45寸）
14.5 cm（4.35寸）
5 cm（1.5寸）
1 cm（0.3寸）

步骤1

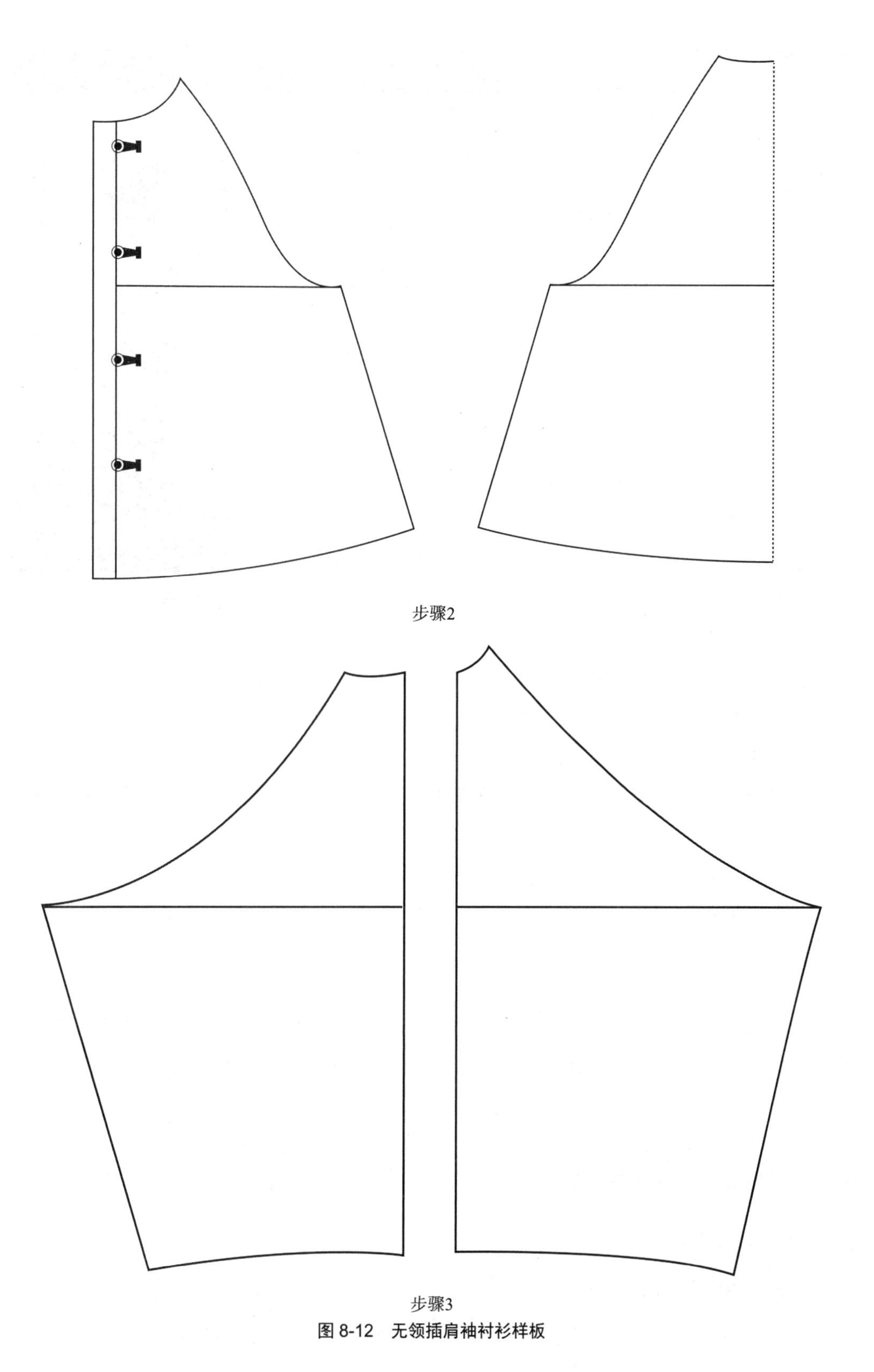

图 8-12　无领插肩袖衬衫样板

8.7 抽褶女童衬衫的裁剪步骤与技巧

抽褶女童衬衫是一种专为女童设计的运用抽褶工艺制作的衬衫款式。为使服装符合儿童圆腹的特点，在胸部进行分割，加入褶量。抽褶女童衬衫样式见图8-13。

图 8-13　抽褶女童衬衫

8.7.1 裁剪步骤

（1）测量尺寸

根据女童的身高、胸围、肩宽等尺寸，测量并记录下相关数据。这些数据将作为绘制裁剪图的基础。

（2）绘制裁剪图

根据测量的数据，绘制出衬衫的裁剪图。裁剪图应包括前片、后片、袖片、领子等部分，并标注出抽褶的位置和褶量。特别注意抽褶的设计，可以在前襟、袖口或腰部等部位设置抽褶，以增强衬衫的立体感和层次感。

（3）裁剪布料

按照裁剪图上的指示，将布料裁剪成相应的衣片。在裁剪时要预留出足够的缝份和褶量。

（4）缝制抽褶

在需要抽褶的部位，使用大头针或夹子将布料按照设计的褶量进行折叠和固定。随后使用缝纫机或手工针线将褶边缝合。

（5）拼接衣片

将裁剪好的衣片进行拼接。先拼接袖子和衣身，再拼接前、后片。拼接时要注意对齐和缝份的处理。在拼接过程中，根据设计需要添加口袋、门襟等装饰元素。

（6）缝制领子和袖口

先将领子与衣身的前片进行缝合固定，随后裁剪并缝制袖口，袖口可以根据设计需求进行抽褶处理或添加其他装饰元素。

8.7.2 裁剪技巧

（1）合理设计抽褶

抽褶的设计要考虑到衬衫的整体风格和女童的喜好。抽褶的位置和褶量要合理分布，以确保衬衫的美观度和穿着的舒适度。

（2）灵活调整裁剪图和缝制方法

在裁剪和缝制过程中，要根据实际情况灵活调整裁剪图和缝制方法，以应对可能出现的问题和变化。例如，如果女童的体型（较胖或较瘦）可以适当调整裁剪图的尺寸和版型；如果在缝制过程中发现布料不够或过多，可以及时进行补充或调整。

8.7.3　裁剪范例

成品规格见表8-13。

表 8-13　成品规格

部　　位	衣长（L）	胸围（B）	肩宽（S）	领围（N）	袖长（SL）	袖口（CW）
尺寸（寸）	14.19	23.4	9.9	9.6	12.45	3.9
尺寸（cm）	47.3	78	33	32	41.5	13

主要部位尺寸见表8-14。

表 8-14　主要部位尺寸

序　　号	部　　位	尺　　寸（寸）	尺　　寸（cm）
①	前衣长	14.19	47.3
②	前落肩	0.99	3.3
③	前领口深	2.04	6.8
④	前袖窿深线	6.18	20.6
⑤	底边上翘	0.3	1
⑥	止口线	0.9	3
⑦	叠门线	0.45	1.5
⑧	前领口宽	1.95	6.5
⑨	前冲肩	0.3	1
⑩	肩宽线	4.86	16.2
⑪	前胸围	5.85	19.5
⑫	后衣长	14.19	47.3
⑬	后落肩	0.99	3.3
⑭	后领口深	0.6	2
⑮	后袖窿深线	6.18	20.6
⑯	后底边上翘	0.09	0.3
⑰	后肩宽	4.95	16.5
⑱	后冲肩	0.3	1
⑲	后领口宽	1.83	6.1
⑳	后胸围	5.85	19.5
㉑	袖长	12.45	41.5
㉒	袖山高	2.7	9

抽褶女童衬衫样板详见图8-14。

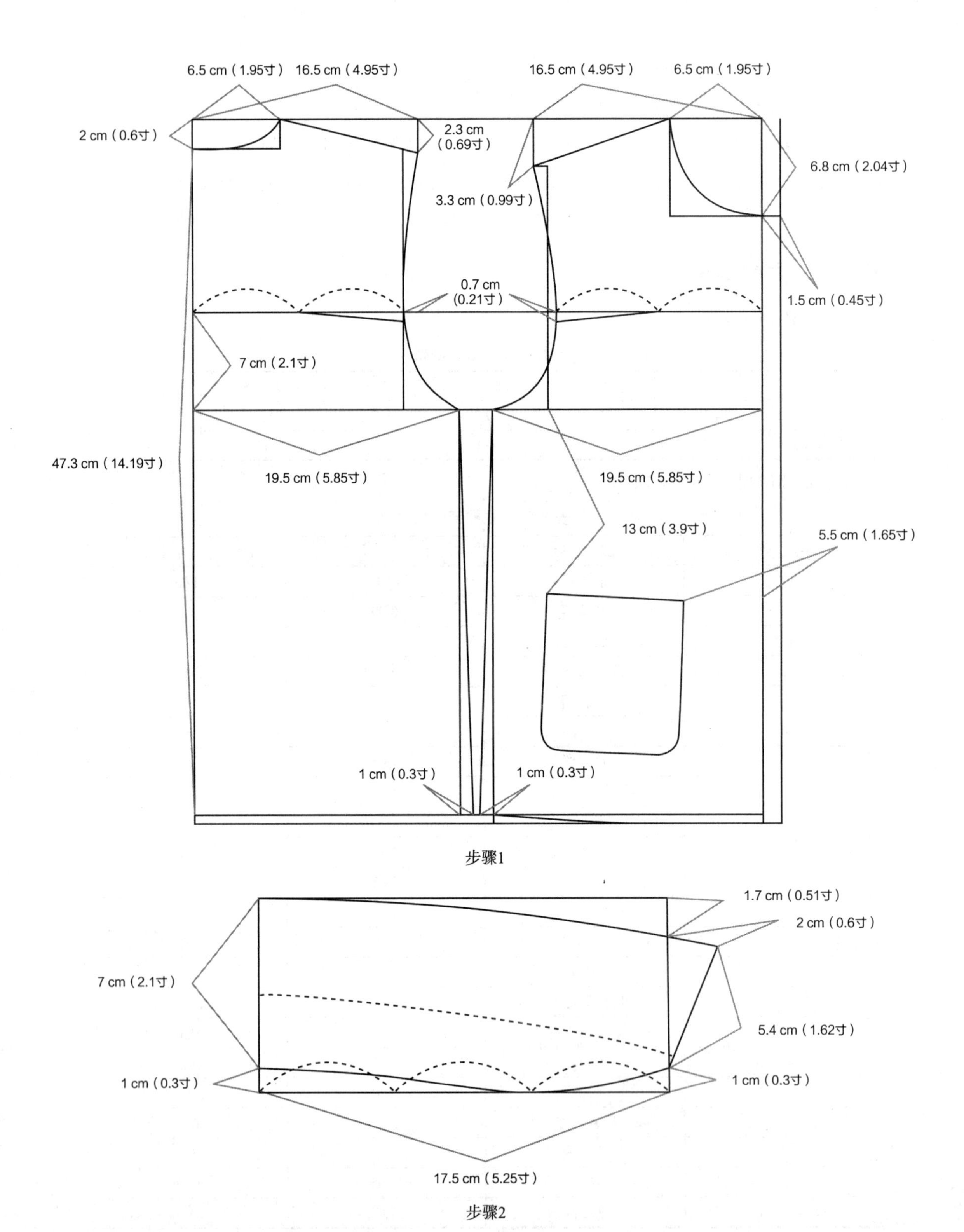
6.5 cm（1.95寸）
16.5 cm（4.95寸）
16.5 cm（4.95寸）
6.5 cm（1.95寸）
2 cm（0.6寸）
2.3 cm（0.69寸）
6.8 cm（2.04寸）
3.3 cm（0.99寸）
0.7 cm（0.21寸）
1.5 cm（0.45寸）
7 cm（2.1寸）
47.3 cm（14.19寸）
19.5 cm（5.85寸）
19.5 cm（5.85寸）
13 cm（3.9寸）
5.5 cm（1.65寸）
1 cm（0.3寸）
1 cm（0.3寸）
1.7 cm（0.51寸）
2 cm（0.6寸）
7 cm（2.1寸）
5.4 cm（1.62寸）
1 cm（0.3寸）
1 cm（0.3寸）
17.5 cm（5.25寸）

步骤1

步骤2

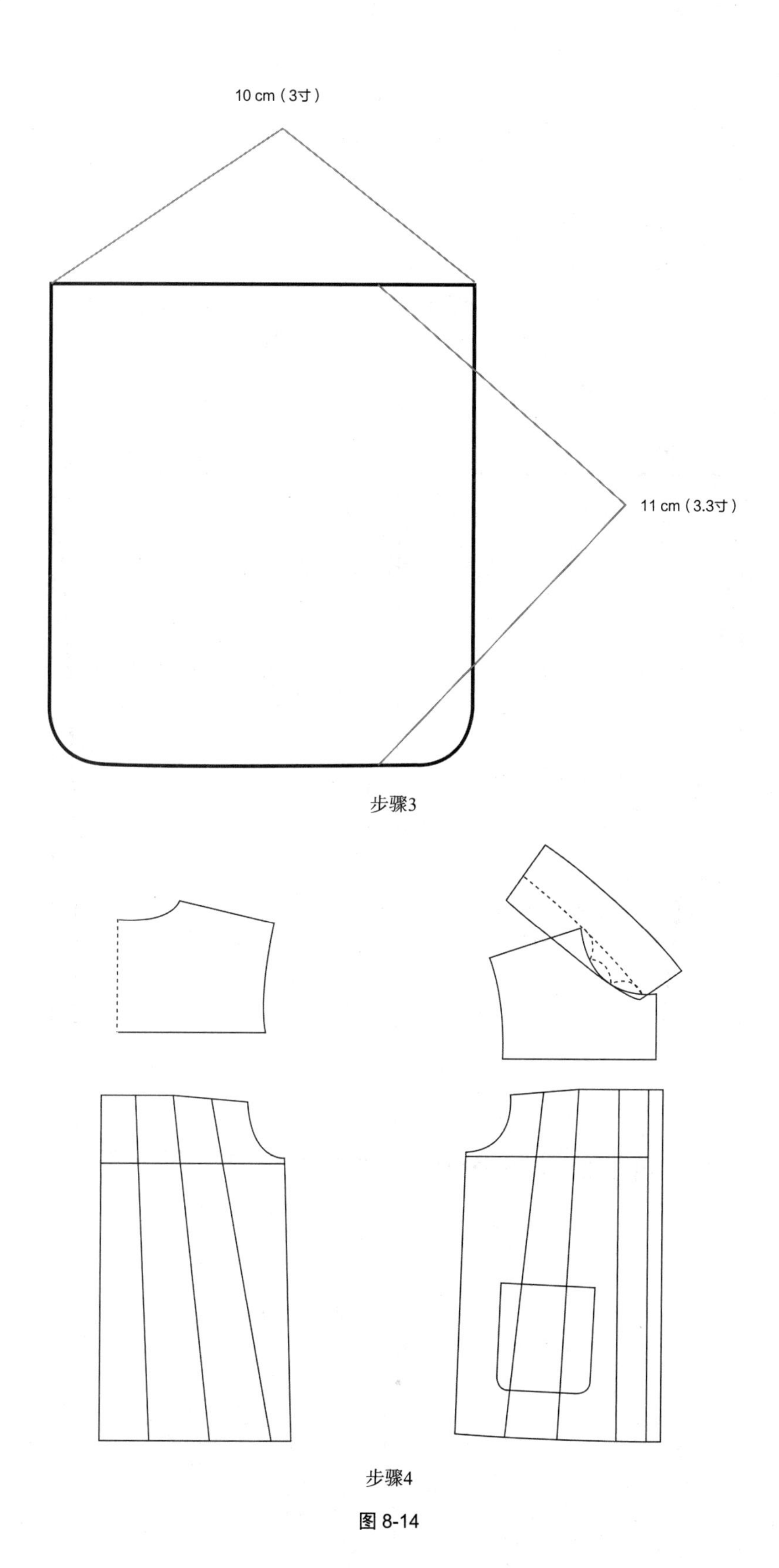

图 8-14

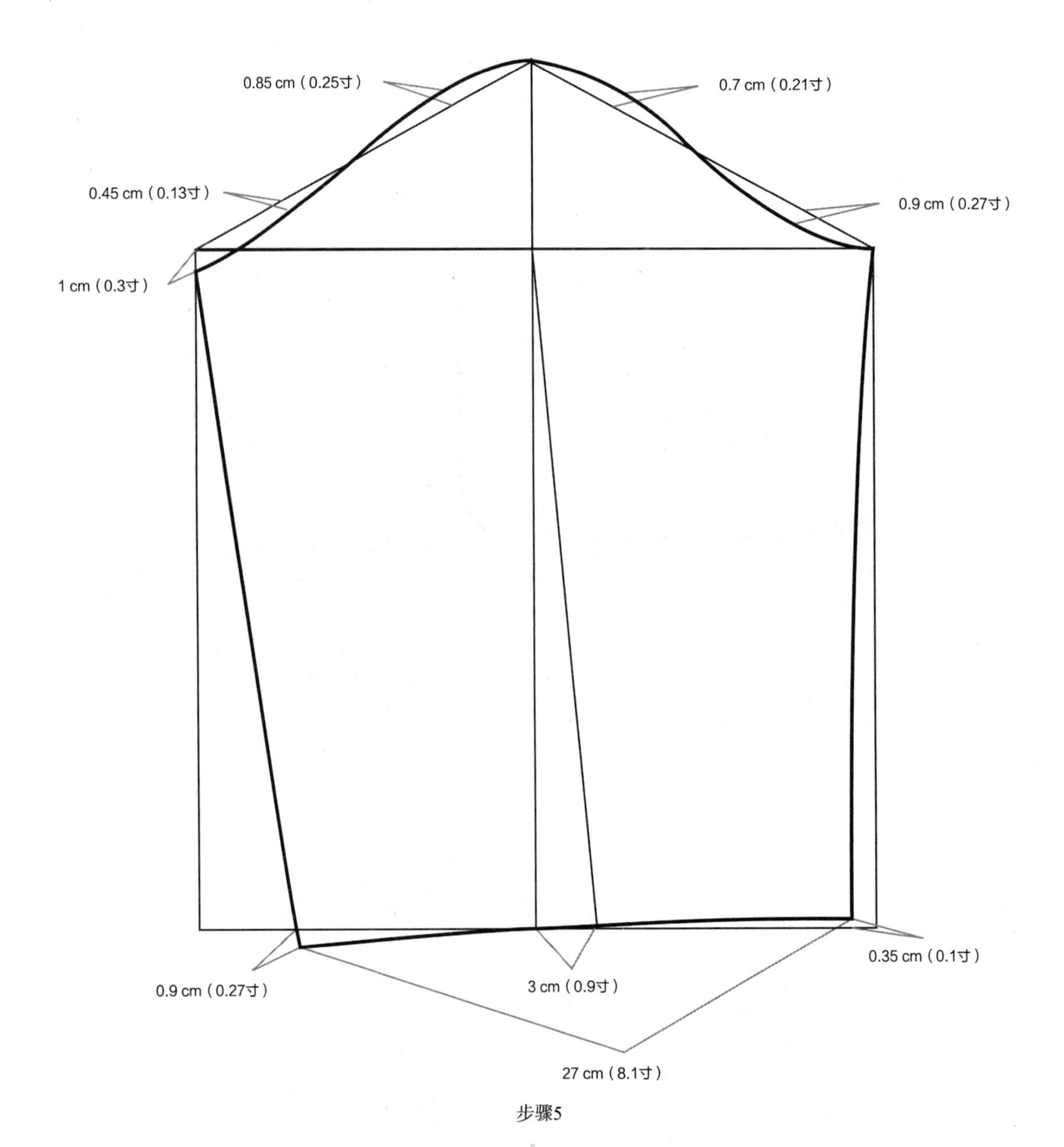
0.85 cm（0.25寸）
0.7 cm（0.21寸）
0.45 cm（0.13寸）
0.9 cm（0.27寸）
1 cm（0.3寸）
0.35 cm（0.1寸）
0.9 cm（0.27寸）
3 cm（0.9寸）
27 cm（8.1寸）

步骤5

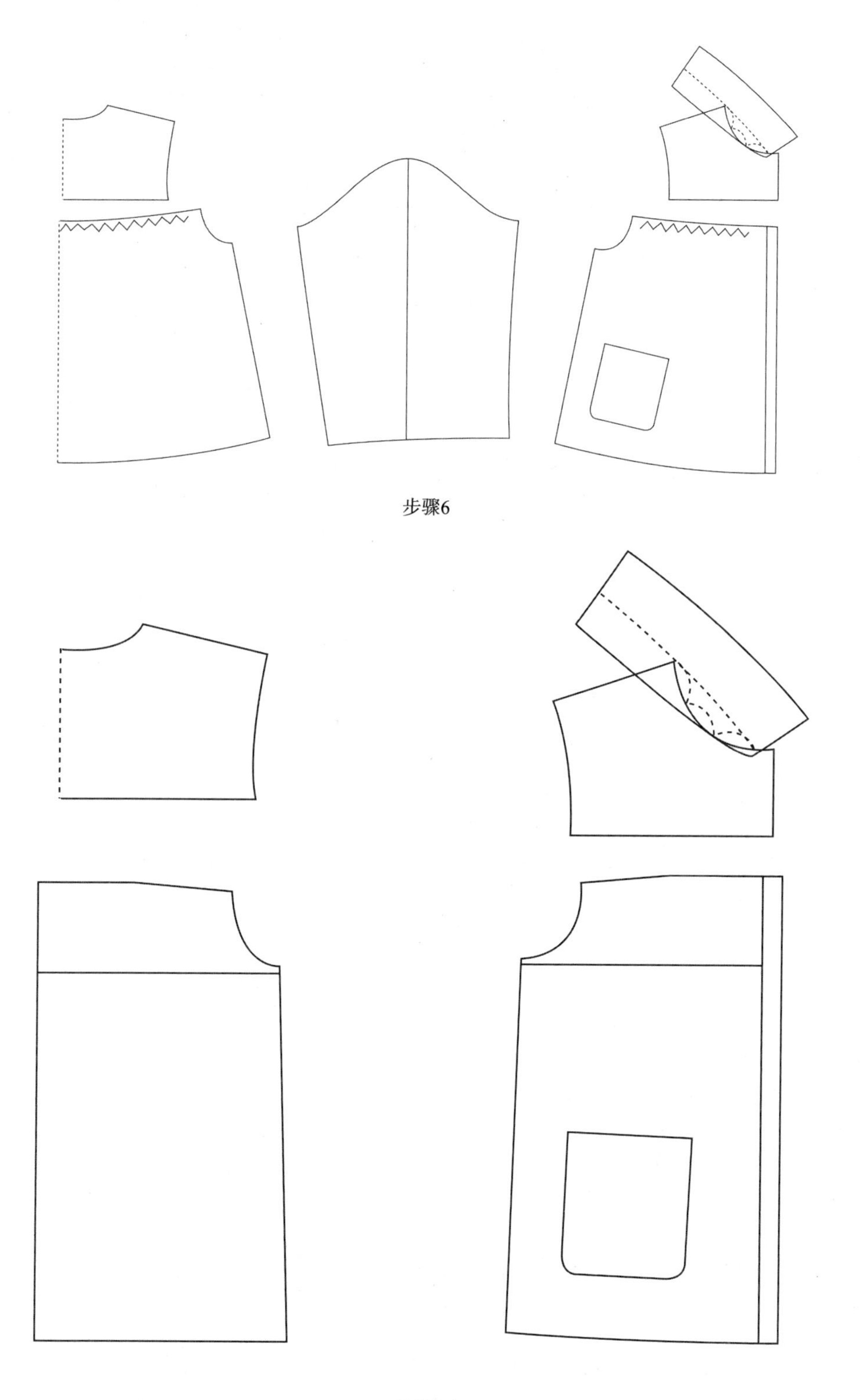

步骤6

步骤7

图 8-14

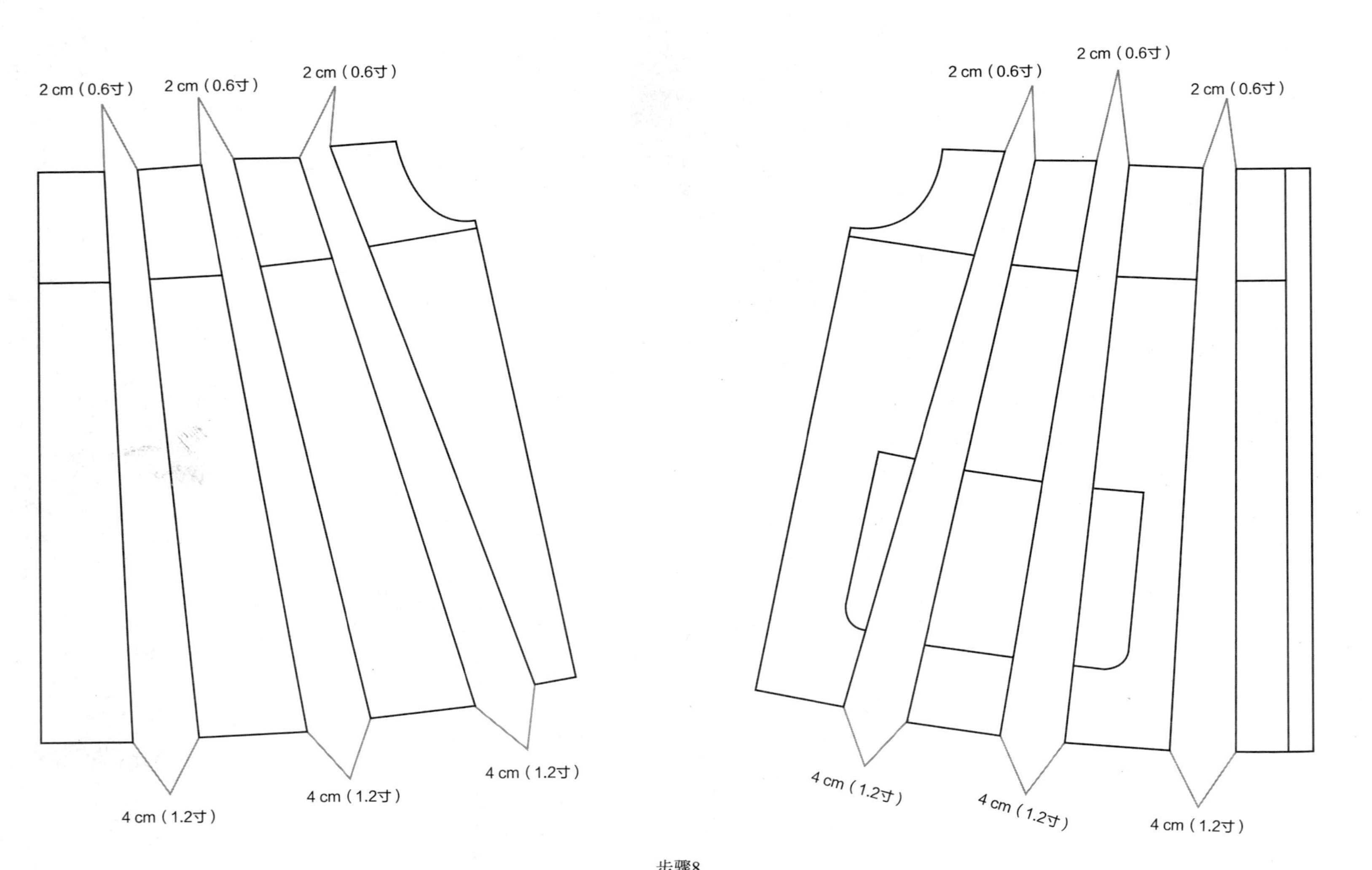

步骤8

图8-14 抽褶女童衬衫样板